2013年度教育部人文社会科学研究青年基金项目
项目号：13YJC720029　项目名：新塔尔图学派符号学研究

符号学译丛　○　丛书主编　赵毅衡　唐小林

本书系统地介绍了塔尔图符号学
是如何融会了洛特曼和乌克斯库尔的学术遗产，
发展出系统的生命符号学理论，
由此拓展了符号学研究的整个版图。

Semiotics of Life: Approaches from Tartu

生命符号学：塔尔图的进路

〔爱沙尼亚〕卡莱维·库尔 (Kalevi Kull)
〔爱沙尼亚〕瑞因·马格纳斯 (Riin Magnus)　编

彭佳　汤黎　等　译

四川大学出版社

责任编辑：王　冰
责任校对：陈　蓉
封面设计：米迦设计工作室
责任印制：王　炜

图书在版编目(CIP)数据

生命符号学：塔尔图的进路／（爱沙）库尔
(Kull，K.)，（爱沙）马格纳斯（Magnus，R.）编；彭
佳等译. —成都：四川大学出版社，2014.8
（符号学译丛／赵毅衡，唐小林主编）
ISBN 978－7－5614－7952－0

Ⅰ.①生…　Ⅱ.①库…　②马…　③彭…　Ⅲ.①生物学
－符号学　Ⅳ.①Q-05

中国版本图书馆 CIP 数据核字（2014）第 190569 号

Semiotics of Life：Approaches from Tartu
By Kalevi Kull，Riin Magnus
Copyright by Department of Semiotics，University of Tartu
四川省版权局著作权合同登记图进字 21－2014－147 号

书名	生命符号学:塔尔图的进路
	SHENGMING FUHAOXUE:TAERTU DE JINLU
编　者	〔爱沙尼亚〕卡莱维·库尔　瑞因·马格纳斯
译　者	彭　佳汤　黎　等
出　版	四川大学出版社
地　址	成都市一环路南一段24号 (610065)
发　行	四川大学出版社
书　号	ISBN 978－7－5614－7952－0
印　刷	郫县犀浦印刷厂
成品尺寸	170 mm×240 mm
印　张	13
插　页	1
字　数	249 千字
版　次	2014 年 9 月第 1 版
印　次	2014 年 9 月第 1 次印刷
定　价	38.00 元

◆读者邮购本书,请与本社发行科联系。
　电话:(028)85408408/(028)85401670/
　(028)85408023　邮政编码:610065
◆本社图书如有印装质量问题,请
　寄回出版社调换。
◆网址:http://www.scup.cn

前　言

卡莱维·库尔，瑞因·马格纳斯

符号学这门研究意义产生过程和现象的古老学科，在 20 世纪 80 年代出现了重大的转向：它接受了关于符号过程的更有包容性的概念，并且将前语言符号也纳入了自身的研究范畴；而在当时，符号学主要进行的是对文化符号系统和逻辑的结构主义研究。在 80 年代发生的变化和以下相互关联的几点有关：第一，符号学门槛被降低至生命的起源；第二，皮尔斯符号学的广泛发展；第三，洛特曼符号域思想的引入；第四，生物符号学的发展，乌克斯库尔的理论被视为符号学的经典之一。

由此，生物符号学和稍后的生态符号学得以在全世界范围内发展。从 20 世纪 90 年代开始，哥本哈根和塔尔图的学者，以及世界各地的其他学者，在这一领域变得相当活跃。

为什么塔尔图能取得这样的进展呢？就其历史意义而言，塔尔图学者的符号学研究和他们采用的生命符号学进路是很有价值的。首先，由于塔尔图－莫斯科学派对文化符号学的关注，从 20 世纪 60 年代早期，符号学就在这里得以发展。学派的领袖洛特曼提出了符号学的基本研究方法，可以运用于符号学的所有分支领域。塔尔图的生物符号学研究就从这一理论受益良多。因此，和其他地方的生物符号学研究不同，塔尔图的生物符号学是和文化符号学、广义符号学紧密相关、彼此融合的。其次，由于乌克斯库尔也是塔尔图的学者，塔尔图的知识传统也是和他以及他的前辈贝尔有密切关联的。

近年来，中国符号学界对塔尔图学派逐渐产生了强烈的研究兴趣。从 2011 年开始，《中国符号学研究》就为塔尔图开辟了固定的专栏。在《俄罗斯文艺》和《符号与传媒》中，也发表了塔尔图的两期专题论文。

本书是对塔尔图学者过去 15 年的著作的一本选集，它的作者既有生物符号学家，也有文化符号学家（和人类地理学家）。本书讨论的是符号学各个领域和各种符号学现象的交汇点，和生物符号学现象中的符号过程。其中几篇论文和乌克斯库尔的符号学以及洛特曼的文化符号学研究持有相同的理论立场，

它们强调现象及其解释的相互影响，提出了不同的模式，并指出了将符号学模式用于实际的环境问题的可能。

本书的第一部分"环境界与符号域"，探讨了生物符号学与文化符号学的交叉可能。在第一篇论文《塔尔图的符号学：雅各布·冯·乌克斯库尔和尤里·洛特曼》中，米哈伊·洛特曼和卡莱维·库尔对塔尔图符号学的两位大师学术思想的相似之处进行了总结，讨论了洛特曼的文本观和乌克斯库尔的环境界理论的对应之处，以及他们的著作中都体现出来的康德哲学观、浪漫主义影响和控制论的观点。在《环境界与符号域》一文中，米哈伊·洛特曼则把这两位奠基者的著作和基于因果关系和时间关系的经典叙述进行了对比研究。同时，他也指出了洛特曼和乌克斯库尔观点的不同，强调符号域理论的对话性。在《生物翻译：环境界之间的翻译》中，库尔和彼得·特洛普提出了生物翻译的概念，将人类的翻译视为语言翻译，而把环境界之间的信息交换视作生物翻译：这一概念实现了对文化和自然现象的领域的联结。凯伊·科托夫的论文《智域符号学和重要的符号》，强调了习性在符号域过程中的智域生产中的重要性。在特洛普的《符号域：作为文化符号学的研究对象》一文中，符号域的对话性也得到了强调，作者指出，符号域在对象层面和元层面上的功能开启了文化现象与其描述之间的互动。本部分的最后一篇论文是《环境界的文化根源》，瑞因·马格纳斯和库尔在文中对乌克斯库尔的理论如何运用于对文化现象的解释进行了分析，并指出了这一概念在未来的文化研究中的种种运用可能。

第二部分"生物符号学"，讨论的是生命体在互动中和对环境的参与中发生的符号活动。这一部分的开篇是库尔的论文《生物符号学的进展：我们在对意义生产的基本机制的发现上走到了何处》，作者在文中对 20 世纪 60 年代以来的生物符号学的范式发展进行了总结。在接下来的《梯形、树形、网形：生物学理解的时代》一文中，库尔将生物符号学的发展和生命模式的各时代进一步联系起来，作为生物学知识的基本组织原则。库尔的第三篇论文，《生命是多重的，而符号在本质上是复数：生物符号学的方法论》，为符号学和物质性的对象提供了解释，并对符号学系统的科学研究方法进行了描述。马格纳斯则在《生命体的时间计划：乌克斯库尔对生命构成的探索》中，讨论了物种特有的环境界构成之知觉时间现象和个体发生学的重要性。在该部分的最后一篇论文《生物拟态的符号学阐释》中，蒂莫·马伦将拟态作为符号学现象进行探讨，研究了像似性在拟态中的作用，以及拟态中符号的矛盾性和解释者的位置。

本书最后一部分的主题是生态符号学，这一领域研究的是文化与自然相互影响的符号学现象。在《符号域与双重生态学：交流的悖论》中，库尔对符号学和物理学这两门看似无法比较的学科的研究方法进行了对比，并探讨了它们在生态系统中的运用，由此提出了 17 种不同的符号域的定义。在《符号生态学：符号域中的不同自然》中，库尔对人们解释和影响环境的方式进行了区分，并讨论了这些解释是如何与环境问题的产生相关的。由此，他提出了符号生态学这门学科的必要性。马伦的文章《地方性：生态符号学的一个基础概念》分析了生命体及其环境的互为条件性，以及环境的缺失会带来的生命体的结构变化。在《生态符号学的整一方法：自然文本的概念》中，马伦继续对符号学现象的语境意义进行讨论，他以塔尔图-莫斯科学派的文本概念为基础，提出了"自然文本"的概念，将自然现象与其在文化文本中的翻译都囊括其中。雷丝蒂·凯斯派克则在《对垃圾的符号学定义》中检视了洛特曼的理论，她将垃圾视为一种边界现象，它既是自然的产物，也是文化的产物。凯斯派克认为，符号学的定义有助于解决与垃圾相关的环境问题。本书的最后一篇论文是卡蒂·林斯特龙等人合写的《风景的符号学研究：从索绪尔符号学到生态符号学》，该文探求了风景研究的不同方法：索绪尔符号学、现象学和当代符号学。和本部分的其他几篇文章相似的是，几位作者最终集中讨论了洛特曼符号学理论和生态符号学在这方面的运用可能。

由于生态系统研究在文化研究中的重要性，以及广义符号学和生命研究对所有类型的符号过程的纳入，本书的重要意义是不言而喻的。塔尔图的符号学研究拓展了上述两个领域，它们是每个文化体的发展都可能面临的问题。

目　录

第一部分　环境界与符号域

塔尔图的符号学：
雅各布·冯·乌克斯库尔和尤里·洛特曼

卡莱维·库尔，米哈依·洛特曼著　彭佳译

创造是不能去语境化的，它总是和本土文化、生活的地方相关。一个学者的环境界是文化符号域的一部分。这种关系有时候被描述为"场所精神"（*genius loci*）。一个地方的精神不会属于当地的每个人：场所精神只存在于那些和自己同质的人身上。

美国一位科学历史学家简·奥本海默（Jane Oppenheimer），曾对19世纪欧洲最杰出的学者冯·贝尔（Karl Ernst von Baer）的生活和著作进行过分析。她发现了一个值得注意的模式。贝尔有一段时间曾住在爱沙尼亚，然后生活在德国的普鲁士和俄国。住在哥林斯堡（当时的普鲁士）时，他成功地用实验方法研究了生命体的发展和胚胎学，发现并且识别出了哺乳动物的卵细胞——这是个历史性的发现。当贝尔迁居到俄国以后，他没有继续研究胚胎学，而是专注于地理学和人种学，用公式阐明了河岸的不对称法则。在爱沙尼亚的塔尔图，一开始，他作为一个学生打下了理论基础；后来，他写了一部巨著批评达尔文的观点。由于某种原因，贝尔的环境界容易受到哥林斯堡的发展式生物学（developmental biology）、俄国的民族和空间研究以及塔尔图的理论作品的影响。

当谈到塔尔图的符号学时，人们通常指的是塔尔图－莫斯科学派（Tartu－Moscow School），也就是20世纪60至80年代在人文科学领域内极为重要、影响深远的知识分子运动。该学派的大部分代表人物来自莫斯科，因此，塔尔图－莫斯科学派或莫斯科－塔尔图学派（Moscow－Tartu School）的名称与此相关。但实际上，从组织上说，该学派的中心在塔尔图，因为其领军人物尤里·洛特曼在塔尔图大学任教，暑期培训班是在爱沙尼亚组织的，而且世界上第一本符号学期刊《符号系统研究》（*Trudy po znakovym sistemam*，*Sign Systems Studies*）是于1964年在塔尔图出版的。

在这里，我们想指出问题的另一个方面，即实际上，塔尔图的符号学研究并不止于 20 世纪 80 年代, 也不始于 20 世纪 60 年代。它有着自己的史前史, 也有着自己的未来——自 20 世纪 90 年代以来, 它一直在发展。2000 年的《欧洲符号学研究》（*European Journal for Semiotic Studies*）以 "新塔尔图符号学" 为题推出了一期专题（Bernard *et al.* 2000）。这一名称描述了自塔尔图大学于 1992 年成立符号学系以来的时期所具有的特点。

迄今为止, 这一时期的发展已有 20 余年, 它的主旨可以描述如下①:

1. 符号学被理解为研究所有生命系统, 即包括了所有生物物种的符号过程的科学;

2. 研究的目标在地理学上有所不同, 文化分析中纳入了对文化和生态系统关联性的思考;

3. 符号学作为正规的大学学科课程, 教授给本科生、硕士研究生和博士研究生。②

第一条和这样一个事实有关: 两大符号学传统, 即始于洛特曼的文化符号学和始于乌克斯库尔的生物符号学, 共同构成了当今塔尔图符号学的基础。③然而, 早在 20 世纪 70 年代后期, 融合这两大传统的尝试就已经开始: 在塔尔图和其他地方都如此。在塔尔图, 洛特曼和生物学家群体的关系得以建立, 这些生物学家中有人对乌克斯库尔的思想遗产感兴趣, 并致力于寻找它和符号学的关联。其他地方的代表性研究是西比奥克的著作, 他在著作中将模塑系统作为遍及所有符号系统的概念来使用: 这些符号系统既包括以语言为基础的（文化）系统, 也包括前语言的动物系统。④洛特曼的传记作者, 美国的符号学家爱德娜·安德鲁斯（Edna Andrews）提到, 洛特曼的系统无疑是和西比奥克、

---

① 详见 Kalevi Kull; Silvi Salupere; Peeter Torop. "Semiotics in Estonia". 2011, *Sign Systems Studies* 39（2）。

② 关于第 2 条, 生态符号研究在文化符号学中的作用需要单独的分析, 最近这一主题的相关出版物详见 Tiina Peil（ed.）, *The Space of Culture – the Place of Nature in Estonia and Beyond*.（Approaches to Culture Theory 1.）2011, Tartu: Tartu University Press。第 3 条则详见 Katre Väli; Kalevi Kull. "An international masters program in semiotics is created at Tartu University". 2008, *Semiotix* 13。

③ 彼得·特洛普写道: "多亏了塔尔图这个地方, 这里的符号学家们有幸继续两大传统观, 将乌克斯库尔的传统和洛特曼的传统相叠加。"

④ "西比奥克……在洛特曼语言观的给定感知作用中看到了索绪尔或一般的符号学家所不具有的对生物学的开放。他因此得以将德国的爱沙尼亚裔生物学家乌克斯库尔的内在世界（Innewelt）和俄国爱沙尼亚裔的符号学家洛特曼的模塑系统熔铸为一体, 组合为一个三层的模塑系统。"（Cobley *et al.* 2011: 8−9）见 Sebeok 1994。

雅各布森以及乌克斯库尔提出的模式相一致的。①

我们在这里想要证明：乌克斯库尔和洛特曼的关联性可以是很深刻的。这是我们所说的，他们的著作共同构成了我们称之为塔尔图符号学的传统基础。

我们也看到，乌克斯库尔和洛特曼的方法的理论融合（这可能不像看起来那么容易）是当代符号学的核心，它的任务在于发展出一套理论和方法论的装置，可以界定和说明广义符号学的范畴，并可以被当作符号学所有分支的基础。我们希望塔尔图的符号学在其间发挥作用。

以下是对乌克斯库尔和洛特曼的著作进行的比较，② 我们列出了他们共同的方法中的一些特点。

一、环境界和符号域的基本概念

当乌克斯库尔描述人和动物的世界时，③ 他需要一个综合性的基本概念，为此，他引入了环境界的概念。当洛特曼描述思维、文本和文化的世界时，④ 他也需要一个综合性的基础概念，由此引入了符号域的概念。

环境界是生命体的世界，是已知的世界，或者说模塑世界。它由符号关系、生命体的辨别和生命体辨认或处理的一切所组成。符号域则更为广义：它不要求对某个特定的生命体进行聚焦，它覆盖了所有生命体。

一个符号只有在具有其他符号的语境中，才能够表意。洛特曼坚持认为，符号空间先在于符号域中的单独文本和文本间的相互关系，这和皮尔斯所说的，每一个符号都源于另一个符号（*omne symbolum e symbolo*）的原则是类似的。在生物学上，与之类似的关系则见于雷迪定律（早在 17 世纪就已经阐明）：每一个生命都源于其他生命（*omne vivum e vivo*）。它的另一个版本则是

---

① Edna Andrews. *Conversations with Lotman: Cultural Semiotics in Language, Literature, and Cognition*. 2003, Toronto: University of Toronto Press, p. 24.

② 关于洛特曼详细的传记和学术生涯的记录见 Ann 1 Shukman. Literature and Semiotics: A Study of the Writings of Ju. M. Lotman. 1977, Amsterdam: North Holland; Edna Andrews. Conversations with Lotman: Cultural Semiotics in Language, Literature, and Cognition. 2003, Toronto: University of Toronto Press; 而乌克斯库尔的则见 Kalevi Kull. "Jakob von Uexküll: An introduction". 2001, Semiotica 134 (1/4), 1—59; Florian Mildenberger. Umwelt als Vision: Leben und Werk Jakob von Uexkülls (1864—1944). (Sudhoffs Archiv 56.) 2007, Stuttgart: Franz Steiner Verlag.

③ 见乌克斯库尔 1934 年的笔记（2010 出版）（Jacob ron Uexkull. A Foray into the Worlds of Animals and Humens. 2010 [1934], Minneapolis: University of Minnesota Press）。

④ 见洛特曼 1990 年的笔记（Juri Lotmen. Universe of the Mind: A Semiotic Theory of culture. 1990, London: I. B. Tauris, P. Xiii. ）。

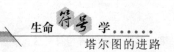

乌克斯库尔在《理论生物学》引言中所描述的：每一个设计都源自其他的
设计。①

洛特曼是在阅读维尔纳茨基时得到灵感，对符号域的概念进行了阐述。有
趣的是，爱德娜·安德鲁斯评论说："乌克斯库尔的环境界和维尔纳茨基的生
物域（biosphere）原则共享了许多同样的基本概念。"②

她补充道："在最后的分析中，洛特曼对符号域的元文本层面赋予的重要
性正如乌克斯库尔对环境界的元解释所界定的重要程度。"③

环境界的概念和环境的概念在根本上是不同的。环境界包括感知和行动
（*Merkwelt* and *Wirkwelt*）。生命体的内在世界和环境界之间的关系，类似于
洛特曼对文本和外文本现实（或者说语境）之间关系的看法。洛特曼经常用
"生命体"来比喻"文本"，因此，文本并不只有结构和自动性，它还有内部的
动力机制、生理学。如同环境界是生命体的结果一样，与之类似的是，如洛特
曼所说，外文本关系也是文本的产物。④

二、自我传播的初始性

乌克斯库尔和洛特曼都认为自我传播是传播的开始。它也和这样的理解相
关：翻译是意义出现的过程。

在这里，我们要再次引用爱德娜·安德鲁斯的观点。她写道："在乌克斯
库尔的理论和洛特曼的符号域模式之间，有着许多有趣的重合，两者都认为自
我传播是符号解释所必需的。洛特曼的自我传播模式……将意义产生机制定义
为两种模塑类型的结合：我—我（或自我）传播和我—他/她传播。"⑤ 所有的
文化空间都有赖于信息生产和传递的模塑系统。……在洛特曼看来，自我传播
构成了两种能力的基础：质性上的重构能力和在意义文本的创造中翻译不少于
两套符码和信息的能力。在乌克斯库尔看来，自我传播的初始性，为可能确定

---

① 原文为："An der Satz：*Omnis cellula e cellula* darf man den Satz hinzufügen：*Alles Planmässige aus Planmässigem*"（Uexküll 1920：6）。在这里我们可以加上格雷戈里·贝茨（Gregory Bateson）类似的观察："精神世界只是无限的地图中的地图"。

② Edna Andrews. *Conversations with Lotman：Cultural Semiotics in Language，Literature，and Cognition*. 2003，Toronto：University of Toronto Press，p. 64.

③ Edna Andrews. *Conversations with Lotman：Cultural Semiotics in Language，Literature，and Cognition*. 2003，Toronto：University of Toronto Press，p. 68.

④ Edna Andrews. *Conversations with Lotman：Cultural Semiotics in Language，Literature，and Cognition*. 2003，Toronto：University of Toronto Press，p. 63.

⑤ Juri Lotman. *Universe of the Mind：A Semiotic Theory of Culture*. 1990，London：I. B. Tauris，pp. 21—35.

的任何元解释提供了背景。考虑到每个环境界的结构，我们可以说：在乌克斯库尔的模塑系统中，所有的意义都是通过翻译创造的：翻译是一个必定以元解释的形式来提供结果的过程。这一点是很清楚的。

彼得·特洛普也描述了自我传播概念在塔尔图学派中的作用："在文化层面上，将自己表现为发送者和接收者之间的传播和对话过程的，在更深的层次上，可以被视为文化的自我传播和文化跟自己的对话。"[①]

三、控制论和符号学

在研究复杂调整反馈系统结构的意义上，在对复杂行为机制的兴趣上，控制论的方法和乌克斯库尔、洛特曼的方法很接近。但是，尽管他们都倾向于数学式的条理思维，但两人的著作中都没有直接使用数学方法。

乌克斯库尔被视为生物控制论的先驱。他对肌肉调节运动和对海洋无脊椎动物强直性痉挛进行研究，由此发现了所谓的"乌克斯库尔定律"。这是他的功能圈（*Funktionskreis*，functional cycle）模式的基础，该模式是形成环境界的核心机制。贝塔朗菲（Ludwig von Bertalanffy）在发展他的一般系统理论时，深受乌克斯库尔著作的影响。许久之后，勒内·托姆（René Thom）的模塑符号过程的方法也受到乌克斯库尔影响。

除了索绪尔的语言学理论，控制论在塔尔图－莫斯科学派中也起到了重要作用。尤其是诺伯特·维纳（Norbert Wiener）和罗斯·阿斯比（W. Ross Ashby）的著作，它们为对主体及其环境之间关系的发展进行对话性的理解（这和 20 世纪六七十年代苏联所阐释的达尔文主义和马克思主义不同）提供了一个视角。在 20 世纪 40 年代晚期，苏联禁止了控制论之后，控制论的思想仍在发展。将符号系统作为模塑系统，无疑是一个标志着符号学与控制论思想之间关系的概念。除了爱沙尼亚首届符号学暑期培训班的参加者、数学家乌斯宾斯基（Vladimir Uspenskij）之外，那一时期杰出的俄国数学家和控制论者科尔莫戈洛夫（Aleksander Kolmogorov）也对塔尔图－莫斯科学派起到了显著影响。

这一时期之后，我们可以在洛特曼的作品中找到几处提及普利高津（Ilya Prigogine）的地方。

---

① Peeter Torop. "Translation as communication and auto－communication". 2008, *Sign Systems Studies* 36（2），pp. 375－397.

四、康德的启示

乌克斯库尔经常在他的著作中援引康德，而洛特曼更像是一个"隐藏的"康德主义者。显然，在解决认知论的问题方面，康德是他们重要的前辈，而问题的答案本身明显就是符号学，它已经极大地偏离了康德的分析。

托尔·乌克斯库尔（Thure von Uexküll）谈到了他父亲的主要著作《理论生物学》："乌克斯库尔讨论了两个康德的概念，赋予了它们更多的生物学意义：作为我们直觉形式的、先验范畴的时间和秩序，以及先验图示（schema）。"[①]

约翰·迪利（John Deely）这样说乌克斯库尔："在现代的生物学家中，他是在将德国唯心论转向符号学上做得最多的。……乌克斯库尔延伸了康德对生物学的观念，而这一种超越是康德的范式并不允许的，即客观地完成了、抓住了由符号关系达成的主体间的主体间性的一致。"[②]

在两位学者的观点中，对康德认知论的偏离都是很重要的。乌克斯库尔提出了不同物种特有的感知范畴，它导致了功能圈的运作。洛特曼提出，只有通过追溯多个不同的模塑系统之间的不一致，感知的范畴才能得以凸显。感知范畴的不一致也是皮尔斯的理论基石之一，他将范畴重新命名为第一性、第二性和第三性，并且提议将试推法作为符号再现的关键要素，它不会失去通向范畴、物和物的自身组成的路径。[③]

对二律背反的分析，对准确性的努力追求，是乌克斯库尔和洛特曼作品的共同特征。

五、进化的非经典

乌克斯库尔公开地表达了他的非达尔文观点，直接批评了海克尔（E. Haeckel）。他遵循并发展了贝尔的生物学理论，该理论认为系统学是个体发生学的衍生物（进化是发展的衍生物），而不是相反，就像达尔文的生物学所认为的那样。乌克斯库尔的这种观点是在他早年求学于塔尔图时形成的，尽管（或者是由于）他师从的是一位信奉达尔文主义的教授。在乌克斯库尔看来，达尔文生物学的科学性是不够的。

[①] Jakob von Uexküll. *Kompositionslehre der Natur：Biologie als undogmatische Naturwissenschaft.* (Uexküll, Thure von, ed.). 1980, Frankfurt am Main：Ullstein, p. 55.

[②] John Deely. *Basics of Semiotics.* 5th ed. 2009, Tartu：Tartu University Press，p. 157.

[③] 写成这一段，我们要感谢泰勒·班尼特（Tyler Bennett）。

乌克斯库尔强调生命体作为积极进行选择和筛选的主体的作用，这和达尔文式的观点中的环境选择（或者自然选择）不同。

生物学中的结构主义观点是非达尔文主义的。该观点的一些代表人物（亚历山大·柳比谢夫、朱利叶斯·施瑞德）和塔尔图－莫斯科学派关系密切，由此出现在 20 世纪 70 年代的《符号系统研究》中。洛特曼的历史进程模式将其视为爆破和停滞的交替，以及在自我传播基础上的文化二元和三元分裂，使我们联想到一些后来的进化理论（如古尔德和艾德瑞奇）。

洛特曼的理论涉及生物方面并非偶然。在他年轻时，在决定研究文学之前，他是准备成为生物学家的。

六、重建的符号学经典

乌克斯库尔和洛特曼都没有直接地遵循任何符号学的经典。

由此，事实上，"因为他（乌克斯库尔）并不懂皮尔斯或索绪尔，也没有使用他们的术语，很容易就能把他的理论用到任何知名的符号学派的思想上"[①]。

洛特曼经常援引索绪尔和雅各布森的著作，但他的研究并非是以早期的符号学经典为基础的；相反，他是在发展出自己的观念之后，才向前者学习的。

当然，人们也应当注意到，现在所教授的符号学历史主要是在 20 世纪 60 年代以后被建构起来的；符号学的制度化始于 20 世纪 60 年代，到那时它才开始要求有自己的历史。

七、对主流的反对

乌克斯库尔和洛特曼两人都不属于他们那个时代的主流，两人都是学术上的异见者。他们反对主流思想，然而，在他们所属的支脉中，他们也还是异见者。

乌克斯库尔反对机械论者和达尔文生物学。他的研究方法属于整体生物学（holistic biology），该学说在 20 世纪的头一二十年有所流行，随着现代综合论（Modern Synthesis）在 30 年代出现，生物学中的物理主义者占据了主流，乌克斯库尔的观点随之被遗忘了三四十年。

---

① Thure von Uexküll. "The sign theory of Jakob von Uexküll". In: Krampen, Martin; Oehler, Klaus; Posner, Roland; Sebeok, Thomas A.; Uexküll, Thure von (eds.), 1987, *Classics of Semiotics*. New York: Plenum, p. 148.

有时候，乌克斯库尔和杜里舒（Hans Driesch）一起被列为新生机论（neovitalism）的代表，在形态发生学和生命体的自我调节上，他和后者持有许多相同的观点。但是，乌克斯库尔不认为自己是生机主义者。他宁愿把他的方法视为第三条道路，超越了生机论者和机械论者的辩论。

洛特曼的观点和他那个时代的苏联官方语言学理论相反，但在塔尔图－莫斯科学派内部，他也是特别的。学派中大部分来自莫斯科的学者都是语言学家，而有着圣彼得堡诗歌背景的洛特曼是个文学学者。比方说，雷夫津（I. Revzin）就把符号学定义为将语言学方法运用于对非语言对象的研究。对洛特曼而言，符号学并不是现成的方法，相反，它在使用中确立了它自己。

八、从结构主义到符号学

洛特曼的第一个阶段无疑是结构主义者。然而，至少在 20 世纪 80 年代时，他的方法是如此的过程化，不能再被视为索绪尔式的符号学。艾米·曼德尔克（Amy Mandelker）相当强调这一点，他将洛特曼作出的"基础转向"视为符号学在 20 世纪最伟大的成就。

其他的一些洛特曼研究者揭示了洛特曼观点的渐进发展，强调在他 20 世纪 70 年代的作品中已经有过程化的、动力性的方面。尽管如此，他们的主要结论是相同的：在《心灵宇宙》（*The Universe of Mind*）和《文化与爆破》（*Culture and Explosion*）两本书中描述的符号过程模式，代表了对基本意义的一般过程的深层理解，这是符号学在后结构主义阶段的特点。

结构主义并不仅仅是人文学科和人类学的研究方法，生物学中也普遍存在相似的方法。结构主义生物学主要是非达尔文主义的（如大阪学派）。乌克斯库尔的著作得到了阐释学的解释，但大部分的符号学解释者都将他和皮尔斯的符号学联系在一起。

九、浪漫主义的色彩

浪漫主义是现代性内部对现代性的反动。符号学是深刻的非现代性观点，由此，它和浪漫主义者的研究方法有一些共同的基础。这在以乌克斯库尔为早期代表的生态学类型中，以及由洛特曼所发展的、在他晚期的作品中得以充分表达的符号学中可以得见。

托尔·乌克斯库尔指出，浪漫主义在波罗的海国家比在俄国和西欧延续的时间要长得多，它促进了这些地区内相应观点的发展。由此，贝尔和乌克斯库尔研究生命系统的方法能够在波罗的海国家出现。

洛特曼对文学的研究关注的是俄国文化的浪漫主义时期，但是可以看到，洛特曼在那一时期发展的模式，也暗示了他那个时代的世界。当然，"浪漫主义只是符号域的一部分，符号域中所有其他类型的传统结构也继续存在着"①。

在这里应当提到，乌克斯库尔和洛特曼都是非常有教养的人，行为英勇，而且都非常喜欢浪漫主义时期的艺术。

十、作为地方的塔尔图

塔尔图的整个传统氛围可以被描述为：具有晚期浪漫主义的特征，支持多学科，具有相当强烈的非达尔文主义，而且支持个体性。这种知识分子的氛围是在 19 世纪形成的，贝尔和他的圈子在其中发挥了核心作用。

乌克斯库尔的妻子在传记中提到，"对乌克斯库尔而言，至少是从他待在塔尔图进行研究的那段时期起，他开始怀疑达尔文和海克尔的研究方法，认为他们将自然视为一位可以任意装扮的女性"②。

洛特曼宣称，塔尔图或许是他的学派可以形成的唯一一个地方。

作为一个历史传统悠久的地方（塔尔图大学建立于 1632 年，是北欧第二古老的大学），塔尔图处于几个文化、历史、政治、语言、生物、地理和生态边界的交叉中心，这些边界或许支持了广义上的文化创造性。

结　语

在以上的简要分析中，我们已经提到了作为塔尔图符号学方法核心的理论的一些方面，并对其进行了解释，然而，这样一个简短的概括是不充分的。但是，应该强调的一点是：这一方法将符号过程视为多层次的过程。譬如要了解一个人，我们就必须把所有类型的符号过程都考虑在内，从细胞的层面，到文化的层面。

(Kull，Kalevi；Lotman，Mihhail 2012. Semiotica Tartuensis：Jakob von Uexküll and Juri Lotman. *Chinese Semiotic Studies* 6：312—323.)

---

① Juri Lotman. Univese of the Mind：A Semiotic Theory of Culture. London：I. B. Tauris，p. 126.

② Gudrun von Uexküll. *Jakob von Uexküll：seine Welt und seine Umwelt.* 1964，Hamburg：Christian Wegner Verlag，p. 37.

环境界①与符号域

米哈依·洛特曼著　汤黎译

在本文的开始，我要先行致歉：尽管本文将会讨论到生物学和哲学的术语和建构，却和这两个领域没有太大的关联。原因之一在于我完全不懂生物学，也不太喜欢哲学。因此，我会从文化符号学的视角，从类似于米歇尔·福柯知识考古学的角度来分析刚才提到的问题。

在讨论乌克斯库尔（Jacob Von Uexkull）的环境界这一概念之前，我们应该先简要地讨论一下生产它的知识语境（环境界的环境界）。在达尔文主义者的世界观中，环境是一个核心概念，它包括有机体（organism）、生命和作为其衍生物的进化。可以这样理解：环境首先存在，然后偶然出现了有机体（这句话中最妙的就是"偶然出现"这个词——照此观点，生命无法脱离环境而存在，因为是环境本身产生了生命）。因此，从一开始就存在的是环境本身。达尔文主义者的观念是特定时代思想意识的有机产物：与之相似的是牛顿对物体和空间相互关系的物理学观点，以及马克思主义哲学对社会系统和社会环境之间关系的看法。而且，到现在为止，这种话语范式还是相当自然并且符合常识的。无论如何，迄今为止对尤里·洛特曼的符号域概念最重要的批评都是建立在此基础之上的。这一理念甚至是经典控制论（classical cybernetics）的来源所在：诺伯特·维纳（Norbert Wiener）理论的关键问题是使系统适应它的环境（但同时，通过机械论的反应，系统也能够对环境产生积极的影响）。

以这样的观点来看，乌克斯库尔"环境界"的概念是奇怪而夸张的：他认为首先存在的是有机体，是有机体创造了主观世界，每种生物都以自己特有的

---

① Umwelt 这一术语有多种译法，分别为"环境""环世界""周遭世界""周围世界"等。笔者在与彭佳联合发表于《俄罗斯文艺》2012 年第 3 期的《与生命科学的交光互影：论尤里·洛特曼的符号学理论》一文中采用了我国台湾学者洪振耀的译法，译为"心相世界"。洪振耀的文章发表之后，我国台湾学者简瑞碧于 2005 年 12 月在《中外文学》第 34 卷第 7 期上发表《一九二〇到一九五〇年代德法的生物环境论证》一文，并在该文中将 umwelt 翻译为"环境界"。笔者认为"环境界"一词可以更加准确地表达 umwelt 一词的内在意涵，故此自我纠正，在本文中采取这一译法。

方式拥有自己的主观世界。乌克斯库尔的理念可以被看作小地方的奇谈怪论，但是，在其他领域内，也不乏与之类似的有趣观点。在这里我们应当提到爱因斯坦的宇宙理论和海德格尔哲学。在爱因斯坦看来，对物质的形成而言，时间和空间都不是基本的独立体。时间—空间是物质的功能，这一看法也同样适用于海德格尔的哲学观点；并不是存在被"安放"在时间和空间当中，而是存在本身创造了时空（在这里我首先指的是海德格尔在《存在与时间》一书中和他在艺术哲学领域的著作——如《物的追问》——中的观点）。

我想要指出的是，我们并非在讨论术语上的不同——我们不能仅仅把环境一词换成环境界。这两个概念之间的区别甚至不是观点上的，而是范式上的：这意味着对生命、有机体、进化和生物学的自我发展提出了完全不同的看法——既然环境界的概念不可避免地和意义的问题交织在一起，生物学也就成了符号学界的一个分支。

尤里·洛特曼的文化符号学著作一开始源自于与环境界概念非常相似的话语范式。与有机体相对应的是文本（text），与环境界对应的则是语境（context）。与之前的语言学和符号学观点（例如索绪尔和雅柯布森的观点）不同的是，洛特曼认为语境并不先在于文本，是文本的前提条件；相反，在最宽泛的意义上来说，是文本创造了语境，包括所有在传播行为中的参与者。这种看似极端的悖论性（比较一下这样的情况吧：并不是作者创造了文本，而是文本创造了作者）并没有对洛特曼造成困扰：他并不想隐藏这种悖论性，而是试着进一步地推进它。[①] 在后来的著作中，他提出了符号域的概念，这是所谓的身份危机的基础：为了自身的存在，每一个符号体（符号、文本、思想、整个文化）都需要他者。这个概念既是共时的，也是历时的：符号、文本、文化只能和其他的符号、文本、文化共存，同时，它们又是其他符号、文本和文化发展的结果。

在他早期的著作中，洛特曼阐明了文本、理性和文化的三种最重要的功能，分别是：（1）传播功能，也就是传送已经完成的信息的功能（在行使这一功能时，重要的是作者要知道如何充分地阐明他的信息，而读者必须知道如何充分地理解这一信息）；（2）记忆功能；（3）创造功能：对新信息的生产。洛

---

① 法国的结构主义学者罗兰·巴尔特和米歇尔·福柯也在某种程度上得出了类似的结论，他们宣告了作者的死亡。但是，他们和洛特曼的区别不仅仅是概念上的，也是心理上的。在法国学者看来，文化史是一个持续衰落的过程，创造意味着消耗（比较一下乔治·巴塔耶的《文学与恶》一书就知道了：无怪乎创造杀死了创造者本身）。而在洛特曼看来，创造更像是加勒提亚（Galatea）的神话，皮革马利翁（Pygmalion）是不必死亡的。

特曼晚期的著作则提出，如果没有*他者*的存在，任何一项功能都不可能完成。尽管洛特曼在文中只是一方面提到了普利高津（Ilya Prigogine），另一方面提到了康德和莱布尼兹，另一个知识语境却显然更为重要，那就是我们所说的对话学派（dialogical school）。当然，米哈依·巴赫金的理念一直是洛特曼思想的基础，但也许我们应当提到马丁·布伯（Martin Buber）和伊曼纽尔·列维纳斯（Emmanuel Levinas），特别是因为洛特曼并不熟悉他们的著作（尤其是对后者）。在我看来，布伯和巴赫金是更深刻的思想家，但我在这里想谈的是列维纳斯，因为他的哲学观念更为精确。列维纳斯指出了海德格尔的系统中的错误：一个单独的存在从本体和存在的层面而言都是不可能的，为了它自身的存在，它需要他者。和他者的相遇成为存在本身的关键，或者更准确地说，存在就是如此发展的。

然而，一个问题不可避免地出现了：谁是他者？如果带着预感、带着先在的假定去靠近他者，这就不会是一场真正的相遇，而只是对某一个存在的特点和经历的投射。只有当我们内心准备好了遇见绝对的他者时（也就是说，遇见某个根本无法相遇或共享经历的人），才可能有真正的相遇。

在这里我有话要说。在列维纳斯的例子中，我们看到的不仅仅是知识上的，也是心理上的勇气，因为他的观点是在第二次世界大战期间形成的，那时候他被德军俘虏，而他的著作是在 1947 年出版的，那时他得知了自己在立陶宛的家人被那些不愿意遇见他者的人所杀害。但是即使这样的经历也没有使他动摇，或者，正是这样的经历使得他更加坚定。列维纳斯想要表达的，是在我们所在的世界里，与他者的相遇不仅仅是危险的，而且是致命的危险，但是这种危险在存在上对我们是非常重要的（在列维纳斯的经历中，与他者的相遇紧随死亡之后，这并非巧合）。即使我们不能同意他的观点，也应当赞赏他在知识上的勇气。

但是，尽管列维纳斯的现象逻辑语言足够有力和充分，可以定义他者存在之必要，却无法在原则上传播相遇的内容。为了做到这一点，我们必须回到马伯的观点上去，他用一个简单的短语概括自己的看法："你"和"我"。如同本弗尼斯特（Emile Benvenisite）所指出的那样，像"我""你""这里"和"现在"这样的词和指示对象物的普通词语不同，这不是因为它们是不一样的词语，而是因为它们属于非常不同的符号系统。本弗尼斯特试图用皮尔斯符号学（semiotics）和索绪尔符号学（semiology）以及言语（speech）和语言（language）这样的术语来说明这一区别。也就是说，指示词是言语符号学的理想形式，这和语言符号学不同，后者倾向于研究对象体和情景。这一区别是相当重要的，但在我看来，它不够精确：指示词同时属于言语范畴和象征范畴。本弗尼斯特忽视的另一个方面是：我们要讨论的不只是言语（也就是独白式的言语），还必须讨论对话。不在对话情景中的指示词是没有意义的。

在马伯和巴赫金看来，"我"和"你"都是对话的产物，对话是存在上的概念：没有和"我"对话的"你"，"我"也不复存在。因此，"我"和"你"不是固定不变的，而是变化的，尽管马伯认为对话中的双方是不可分割的整体。

对话的参与者并非公正的第三方——"他们"，而是"你"和"我"，也就是说，唯一可以充分看待对话的视角来自于它的内部。至于像"你"和"我"这样的词语，它们的特点是：它们没有先在的意义，没有意指对象（significatum）。"你"是"我"称之为"你"的那一方，而"我"是"你"成为"你"的所在。这种情形是决定论的逻辑无法解释的，因为我们谈论的是一个明显的悖论："你"是"我"存在的前提，也就是说，"你"必须先于"我"存在。同时，"你"又完全地依靠于"我"。马伯由此作出了关于对话的存在本质的结论。马伯和巴赫金都将空间和对话联系到了一起。对话的空间并非先在的，而是在对话的过程中被创造出来的。

塔尔图学派最重要的特点就在于，他们并不把简单的符号系统视为首要的元素，认为复杂的符号系统是由其构成的，而是相反：初级的符号系统被看作是抽象出来的，简单在这里意味着简化。从符号过程的观点来看，符号域是最初的统一体，它可以被分为简单的子系统。从这一点来说，塔尔图的符号学研究和皮尔斯的符号学在原则上是不同的，后者的中心是（单独的）符号及其特性；而塔尔图的符号研究不是即刻产生的，而是分析的产物。

第二模塑系统（如这一名称所反映的）的概念从一开始就至少是潜在地保证了语言被视为一个初始系统，接下来，洛特曼在 20 世纪 80 年代的著作中将口头的日常交际作为多因的多语言行为来进行讨论。从这个意义上来看，每一个口头文本都包含了由不同语言产生的多种信息。语言的最小对立组（minimal pair）是洛特曼所认为的象征和像似（这一看法不太精确）；前者可以用自然语的语法来进行描述，后者则用修辞来描述。在洛特曼看来，修辞首先是一个工具，可以将（视觉）形象翻译为口头文本。在叙述文本中，叙述结构也应被作为一种特殊的语言来进行考察。但是，不能错误地认为语言、形象和叙述的逻辑结构是先在于语言并且存在于文本之外的。形象学结构（imagological structure）不仅仅取决于可想象的对象体，也取决于将它们进行编码的语言。这一点也同样适用于叙述。

交流的每一个行为都包含着对话、翻译和创造，因此，对话在信息发出者那里就已经开始了。从交流的视角而言，说话的主体并不是最基本的。甚至可以说，人类大脑内部的翻译也和艺术翻译相近。

因此，符号域不仅仅是一个新的概念。就像环境界的概念需要新的范式和逻辑一样，它不是建立在决定论之上的，而是建立在对话之上的。

我们可以用下面的图表来做一个总结（当然，这只是示意性的）：

宇宙学	牛顿	爱因斯坦	普利高津
生命	环境	主观世界	符号域
哲学	黑格尔/马克思	海德格尔	马伯/巴赫金
话语	"经典"叙述	"现代"叙述	对话

经典叙述是建立在因果关系和时间关系之上的；现代叙述丢弃了因果性和时间性，其结果是，举例而言，空间结构（见约瑟夫·弗兰克于1963年的描述）得到了发展（以詹姆斯·乔伊斯和普鲁斯特为例）。

在这个图表之外，我们可以加上一点点对真理的不同看法：在牛顿的世界中真理是先验性的；在爱因斯坦的世界中，真理是相对的，比方说，在分析哲学的范式中，最好不要提及真理，而是致力于避免虚假和荒谬：只有通过对真实话语的组合，一个人才能触及真理；最后，在对话逻辑中，真理不仅仅是后验的，也是合作式的，它在对话中产生，而且只能在对话的环境中得以保存，这也就意味着，任何僵化的论述对真理而言都是致命的。

［Mihail Lotman. Umwelt and Semiosphere. *Sign Systems Studie*. 30（1），2002，33—40.］

生物翻译：环境界之间的翻译

卡莱维·库尔，彼得·特洛普著　钱亚旭　彭佳译

通过吸收外在的力量，每个主体的身体都成为意义的接收者，接收来自意义载体的信息。习得的旋律作为主题，在意义载体的身体中获得了形式。

——乌克斯库尔[①]

如果说，第一存在着人类符号以外的符号，第二我们有可能理解这些符号，第三我们有可能恢复这些符号，那么，我们和自然的对话就有着直接的、非隐喻性的意义。在生物符号学的观点看来，在动物传播中，或者任何其他的生命系统传播中存在着符号，这提出了人类符号和其他生命体的符号的可译性问题。

如艾柯所说的，既然与自然交谈这句话经常以反科学的方式被使用，要严肃地讨论这个话题，可能会引起有些人的担心。但我们可以想想看，一个人和他的猫平常待在一起时的情景，并且问问他，当他的猫在朝着门口叫时，他是否明白它在看着什么。如果他能明白（这是可能的），他的理解和猫自己的意图一样吗？很可能不完全一致。当猫看到人朝门口走近时，它看起来好像希望他把门打开。这可能和人的想法一致，但无疑不是猫的全部思维。由此，我们要相信，不同种族的生命体可以不通过交谈而相互靠近一些符号，这似乎是自然而然的。因此，我们可能会直接地提出问题：动物的信息能否被翻译成人类的信息？[②] 人类的信息可以被翻译成动物的信息吗？动物自己能进行翻译吗？

我们从上面的例子可以看出，猫可能能够建构出一个在某种程度上和人的所指对象重合的对象，而门（或者其他任何非生命的物体）则不能。

死亡的、有生命的、具备自我意识的（和表意的）——这些概念无疑是非常明显而自然的特征。任何自然科学家在为术语下定义，或是建立模型时，都

---

① Jakob von Uexkull. *Bedeutungslehre*. 1940, Verlag von J. A. Barth, Leipzig, p. 54.

② 如叶尔姆斯列夫所说的："语言……是一个其他所有的符号系统可以在其中被翻译的符号系统。"（1973，115）

不会青睐它们。生物学、化学和物理学在理论发展中，都越来越努力地试着逃离这些概念，同时又希望能够对它们作出解释。因此，在自然科学的历史上可以看到一个清楚的趋势，用热力学、分子、控制论的术语来取代这些概念，而死亡、生命、意识和表意变得越来越只具有隐喻的意义。这些概念的圈圈舞，把运作的科学术语圈，用同样动作从内转到外。

事实上，要通过它们的机制来定义这些术语是非常困难的。另一方面，它们又是简单的范畴。在运用它们的时候是不容易出错的，特别是当我们想到，那些在创造生物文本时运用它们的人是有生命的、有自我意识的、表意的科学家们时，情况尤为如此。因此，如果在生物学中发生符号学范式的改变，这些简单的范畴就会被当作操作术语来使用。而且，符号学话语的许多术语也能被用在生命科学上。

发展生物符号学的理由之一，就是试图在符号学方法和概念的运用和帮助下，为复杂的现象找到更为简单的解释。为了找到有机符号系统的入口，这一目的就预设了我们要了解符号在自然中是如何被创造和翻译的。

翻译，如人们所做的，从一门语言到另一门语言，通常是一个具有自我意识的过程。因此大部分的文学翻译理论都停留在这个框架之内。如果将这个概念运用于无意识的过程，即考虑到存在着无意识的翻译，那么区分这两种主要的翻译类型就是合情合理的：前翻译（protranslation）和真正的翻译（eutranslation），或者我们也可以称其为生物翻译（biotranslation）和语言翻译（logotranslation）。在非生命体中没有翻译。真正的翻译是有意识的翻译，与之相对的是无意识的翻译，后者仍然是生命过程。每一个有意识的翻译都假定了无意识的成分，即每一个真正的翻译都假定了生物翻译。

一方面，真正的翻译是指导下的活动，它形成了解释层次的框架并且决定了主导者（可以是原文、翻译或读者）。在此基础上，翻译方法是作为一套技术程序而形成的。另一方面，对文本的阅读和翻译源自于满足感，即认出了节奏和比例等。阅读的便利取决于感觉的激活——翻译越是栩栩如生，越是在时空上一致，阅读起来也就越容易。比方说，翻译的新手最显而易见的失误就在于关注时态的使用，这或许会破坏文本的连续性。然而，译者中有一些人可以依靠直觉，通过节奏和语调去感知原文本的细节，而不用识别技术问题。一些文本可能在这样的基础上充分敞开。对语言文本，或许可以说，在离散和连续这两个方面的共同体中，后者更为重要。词语中的错误可以被替代，而感知中的错误或许会要求新的翻译。"关于个别符号如何交换和联系的理论，这必须由符号如何共同形成一个相互关联的系统的概念来补充。"①

按照乌克斯库尔、西比奥克、霍夫梅耶（Jesper Hoffmeyer）和其他人的看法，我们假定，生命体的环境界是由符号组成的。环境界可以被看作生命体的个人语言域，生命体自己的、相当封闭的语言域。或者，更为普遍的是，考虑到也有简单的环境界——环境界是存在于生命体的符号系统内部的世界，即生命体的符号世界。或者，更具体的是，如果将语言（language）和言语（parole）进行区别，那么前者就是计划，后者就是环境界。应当承认，既然任何自然的、运作中的符号系统都可以被视为世界的某种模式，那么将环境界理解为个体符号系统的行为和将环境界理解为世界的模式就并不矛盾。

因此，我们可以对翻译的定义进行概括，认为翻译也意味着，使一个环境界内的一些符号和另一个环境界内的一些符号相对应。此外，这些环境界必须要拥有相似的功能圈（functional cycle）。

这里有两个生命体 A、B（和它们的环境界）。让 A 包含符号 a，而 B 包含符号 b。让这两个符号都有某种行为上可辨认的再现。这就意味着，当 A 辨认出 a 时，代表了行为 a'；而 B 辨认出 b 时，代表了行为 b'。

为了让翻译有可能出现，两个环境界之间必须有某种关联或者重叠。这通常被称为信息或文本，它们被发送出去，而且应当是可理解的。比方说，在我们的例子里，将 a' 称为在 B 的环境界中可辨认的信息。

如果 B 将 b 和 a' 分为一类，即同属一个范畴，我们就可以说 a 被翻译成了 b。此外，这要求 A 和 B 拥有一个相似的功能圈，a 和 b 属于这个相似的功能圈。

对作为观察者的我们而言，如果 a 和 b 具有我们可以区别为 a_v 和 b_v 的符号载体（sign vehicle），即某种物体，那么这种情形就是可观察的。那么，在操作上，我们可以观察到：a_v 和 b_v 导致了行为 b'。

我们可以思考下面的例子：有一只猫，和两只不同种类的鸟——凤头山雀和褐头山雀。它们所属的物种不同，具有自己的物种所特有的环境界和符号系统。两只鸟中的任何一只看到猫靠得太近都会飞走。现在我们想想这样的情景吧：两只鸟在房子角落的边上靠得很近，各自觅食。当猫走来时，凤头山雀可以看到它，而褐头山雀在拐角处，因此看不到。凤头山雀发出警报的叫声并飞

---

① Elizabeth Mertz. "ÒBeyond Symbolic Anthropology: Introducing Semiotic MediationÓ", in E. Mertz, R. J. Parmentier（eds.）, *Semiotic Mediation: Sociocultural and Psychological Perspectives*. 1985，Academic Press，Orlando: p. 16.

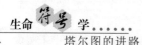

走了，褐头山雀听到之后也飞走了。

考虑到上文给出的定义，我们可以说褐头山雀进行了翻译，将凤头山雀的警报声翻译为自己可能有危险。

如果这样的翻译是对称的，也就是说，在两个方向上都是可能的，那就可以被称为个体间的符号系统（interindividual sign system）。在我们举的例子中，考虑到凤头山雀和褐头山雀都互相认出了警报声，它也是种际符号系统（interspecific sign system）。

一个符号系统要被称为一种语言，我们就假定它具有其他的特征——除了将它定义为一种专门类型的符号（句法符号）的存在，除了某种符号之间的关系之外，它不指涉他物。考虑到动物的传播系统普遍不包含句法，我们应当说，除了人类之外，动物的符号系统都不是语言。但是，我们仍然认为，在没有句法的符号系统中，翻译是可能的。

应当承认，对于句法存在着更广义的理解，即将同一个符号系统中范畴之间的关系也解释为句法，即使这些范畴的功能类型（如动词和名词）之间没有分别。事实上，分类的过程就假定了范畴之间的关系——没有关系，两个东西就不能彼此分别。我们可以把句法的这种宽定义称为前句法，把它和句法区分开，因为句法通常是谈到人类语言时所用的，而前句法一词是毕克顿（Bickerton）所使用的，也是我们在这里用到的。

在语言翻译的情况下，人类进行翻译的情形是如此清楚，以至于我们很容易就会忽略，人类身体普遍结构的相似性是可译性的必要条件。[①] 而在不同物种的翻译中，这种条件则变得非常重要。当我们问到翻译是否充分时[②]——这可能是在没有句法的（也就是前句法的）符号系统中的难题，它看起来好像是个表意问题。判断翻译存在的一个可能标准，就是被发送符号的继续存在（在起作用）和对它们的辨认的反应。

奎因（Willard v. O. Quine）曾指出，将语言翻译为丛林语言，或对丛林语言进行翻译是可能的，在这种情况下，翻译可以是在整个文本层次，而非单个符号的层次上的成功。或者按乔姆斯基所说的，语义或许先行于句法，由于深层结构的存在，它可以获得翻译性。

翻译是意义从一个符号系统到另一个符号系统的传播。因此，术语翻译的

---

① 在残疾人中仍然存在着同样的问题。在一些当代的女性主义研究中，类似问题得到过讨论。

② 这非常重要，因为错误的翻译和不翻译是无法辨别的，尤其是在我们想要分析的非人类的情形中。

运用，需要两个可辨别的符号系统。在语言的状态下，这常常是可能的，不会造成大的问题。要识别由不多的符号组成的简单的符号系统，这就难得多，尤其是当一个系统中的一些符号是和其他符号系统共有的。例如，如果其他种族发出的警报和自身种族发出的警报是不能区别的，它们就可以被视为属于同一个符号系统，因此不需要翻译来传播意义。但是，如果生命体发出的警报声和其他生命体是有区别的，就存在着不同的环境界和由此而来的环境界之间的翻译。如果连这也不能区分，那么，我们拥有的就是同一个环境界，当然，它的物理表现有可能是成群的。

将翻译定义为环境界之间的传播，这就将翻译作为语言之间的传播的概念普遍化了。我们希望，这不仅能够使翻译学的一些成果可能运用于生物学，而且，我们也相应地强调了文化翻译理论中一些没有得到足够重视的基本方面，比如倾向于个人的、由个人所引导的翻译。

对生物学而言的符号概念

既然我们对生物翻译的陈述用了符号这个术语，就需要详细说明这个与我们的语境相关的概念。

尽管在近十年的生物符号学著作中，符号的概念被用在许多生物学例子（包括细胞内过程）上，但是，某物在生物条件下要成为符号需要什么假设，这一问题一直没有得到足够清楚的说明。由此，在进一步对生物学领域内的翻译进行分析之前，我们需要对符号的概念进行阐述，以使它对生物学而言变得更有操作性。

对生命体而言，什么时候一个未知的因素 X 会作为符号出现？这个问题至关重要，因为显然有很多不是符号的因素对生命体产生影响。比方说，温度从 20 摄氏度降到 17 摄氏度，这会对草履虫体内的许多活动的速度产生显著的影响，而这种温度变化似乎并没有被生命体识别为符号。另一方面，同一只草履虫可以从它接触到的任何东西中辨认出它能够吞噬的细菌（这个例子是乌克斯库尔描述的）。

如果一个因素 X 通过历史发展的符码导致了某一行为，而这一行为又（通过另外的符码）被生命体 A 所识别，属于受因素 X 影响之下的同一个范畴，那么 X 对于生命体 A 而言就是一个符号。

用乌克斯库尔的术语来说，符号是特性（*Merkmal*）和功能表意（*Wirkmal*）的统一体。这就意味着，只有当"某物如何被感知"，以及"引起什么反应"被生命体归为同一范畴时，它对该生命体而言才是符号。

（感知和运动的）范畴都是建立在类似的符码之上的，而识别被视为是数字性的。因此，我们在这里可以直接地把符号二元性的概念作为某物成为符号的条件。

由此，如果我们用更经典的关于符号的符号学术语，即所指和解释项，来表达乌克斯库尔的研究方法，或许可以说：符号是记号（*Merkzeichen*），所指是感知（*Wirkzeichen*），解释项是功能圈（*Funktionskreis*）。这和罗兰·波斯纳（Roland Posner）在写到莫里斯和米德时，对这些术语的解释是非常一致的："符号的作用主要是通过出现在行为的定向阶段中的刺激来发挥的……符号的对象主要是刺激所满足的物体，它出现在行为的完成阶段……解释者主要是施动者通过所指的完成而消除刺激的布置。"[1]

或者像托尔·乌克斯库尔所说的，"在符号＝意义载体＋意义和意义＝对意义应用者的指涉这一简单的公式中，'意义'在将不同类的因素纳入一个整体（符号）时起到了中心作用。……由此，意义变成了处理意义使用的'戏剧事件'……通过这种方式，符号忽然有了生命"[2]。

意义传播的一个特例，就是模仿。塞西莉亚·海斯（Cecilia M. Heyes）将模仿定义为一种"个体在观察同种的行为 X 时，要求具有行使和 X 在拓扑图形上相似行为的能力"[3]。亚当·迈克洛斯（Adam Miklosi）则指出，"要出现'真正的'模仿，观察者需要辨认出示范者的目的，并且意识到只有通过复制另一个动物的行为才有可能达到这一目的。复制并不包含辨认出被称之为'拟态'或'反应助长'的目的"[4]。由此，在对符号进行复制和翻译之间有着清楚的区别。

作为翻译的遗传

在进行必要的初步思考之后，现在，我们要进而讨论一些作为生物翻译的

---

[1] Roland Posner, "ÒCharles Morris and the Behavioral Foundations of SemioticsÓ". In M. Krampen, K. Oehler, R. Posner, T. A. Sebeok, T. v. Uexk. ll (eds.), *Classics of Semiotics*, 1987, New York: Plenum Press, p. 28.

[2] Thure von Uexkull. "The Sign Theory of Jakob von Uexkull". In M. Krampen, K. Oehler, *Biotranslation*: *Translation between* Umwelten, 1987, p. 169.

[3] Cecilia M Heyes. "Imitation, Culture and Cognition", 1993, *Animal Behaviour* 46, p. 1000.

[4] Adam Miklosi. "The Ethological Analysis of Imitation". 1999, *Biological Reviews* 74 (3), p. 349.

生物学例子。

关于真正的翻译①，一个有趣的例子是父母对孩子的教育和培养，其中，父母的个性会翻译成为孩子的个性；同时，参与这一过程的基因、后天、行为和语言的成分可以被辨别出来，它们是不同类型的遗传，或者说是不同的遗传系统。

考虑到遗传系统是在翻译过程所必需的一般条件框架中运行的，这一情况或许会允许我们将翻译理论的原则运用到生物遗产系统上。换言之，我们接下来要做的，就是使用拓展了的翻译学理论概念，为遗传提供一个符号学分析梗概。

首先，我们要说明遗传这个术语适用的范围。我们在这里指的是，存在着在其他的模式序列上产生的模式序列，而且，这种生产需要符码；除此之外，我们还假定，每一个模式都至少是可能参加了翻译之外的传播过程的；我们也假定，这些模式的生产是由一个生命系统进行的。

父母与后代之间相似的现象可以通过以下事实解释：（1）父母的DNA被复制，并传输给了子女；（2）生命在建造自己的大部分细节时，都使用了DNA模式。这是新达尔文生物学使用的基因范式的核心。

DNA的复制，不管是在植物繁殖情况下的完全复制，还是性别繁殖中的混合复制，都不仅仅意味着父母和后代在结构层次上共享同样的DNA，它们在功能的层面也是同样的。

对新生命体的产生来说，有用的并不是结构基因组，而是功能基因组。功能基因组是生命体所理解的DNA的一部分，也就是用于以某种方式组成酶和核糖核酸的DNA的一部分。

伊娃·亚布隆卡（Eva Jablonka）主编的著作区分了四种遗传系统：后天的（EIS），基因的（GIS），行为的（BIS）和语言的（LIS）。相应的，信息传播的方式也包括：细胞结构和代谢循环的再生（EIS），DNA复制（GIS），社会习得（BIS，LIS），后者以象征为基础。这些遗传系统将变异从一代传往下一代，而变异则包括细胞形态（EIS），DNA基础序列（GIS），行为模式（BIS）和语言结构（LIS）。比如，在染色体上有一些分子记号（亚甲基），它和基因表达有某种关联。如亚布隆卡和其他人所证明的，这些记号可以把信息从一代传给下一代（顺便提一下，是通过母系传播的），而不对DNA做出任何改变。事实上这些记号是可逆的，但是，它们可以存在于好几代之间。

---

① 译者注：即人类的语言翻译。

除此之外，确定环境的作用也很重要。例如，生命体的行为模式可能会随着它生活的环境而变得不同，这就意味着，一些特定的模式是和特定的环境相关联的（或者说局限于特定的环境）。因此，如果环境限制持续下去，或许，通过 BIS 遗传的只是在特定条件下使用的行为。所以，环境条件的稳定性是遗传系统的必需部分，是信息代代相传的载体的一部分。

与生物演化的基因中心论（genocentric view）相反，几个独立的遗传系统之间的区别使 GIS 无法解释演化中发生的一切，这一事实是明白无疑的。我们也应当考虑到，环境的变化或稳定性（即环境信息）也是遗传的必须要素。任何这些遗传系统内的变化，都具有演化上的重要性。

现在，要将遗传系统作为影响从父母的环境界到后代的环境界之翻译的系统来观察，我们需要找出生命体的环境界中有没有类似于 DNA 之物。既然在多细胞动物的行为功能圈层面上看，它是不存在的，我们就得转向细胞内的层次——微符号过程（microsemiosis）领域。

事实上，在细胞的层次上，DNA 之于功能圈是构成性的。一个受精卵成长为成年的生命体，是在解释它的 DNA，就好像一个读者（或译者）在解释不是由他/她自己创造出来、作者或许已经逝去了的文本。霍夫梅耶在 DNA 和符号载体、个体轨迹和对象、受精卵和解释项之间建立了一致性。"受精卵理解 DNA 的信息。也就是说，它将其理解为建造生物体的指令，由此完成了个体轨迹。"① 但是，这个例子似乎需要更多的细节描述。

也就是说，这里所说的功能圈是基因表达的功能圈。这是一个复杂的系统，它可以识别出 DNA 的一些模式，产生多肽和其他的识别后果，而且作为这种行为的结果，要么继续对 DNA 进行解释，要么就对其置之不理。

在这里，我们运用翻译概念的主要问题，似乎就是范畴化。一方面，存在着基因符码，它是历史过程的结果，不是可以通过物理化学法则推断出来的。另一方面，基因表达系统在何种程度上可能只是纯粹偶然匹配的结果，还不太清楚。

在感知范畴化的情况下，由于在传播过程中发现的意义的增值和无意义的不增值，形成了不连续的范畴。能够有类似于"作为单位的基因"的某物吗？我们使最终答案保持开放性。也许我们会注意到 DNA 的不同模式，或者说基因组的不同地址可以被有选择性地用于细胞的基因表达系统（或受其抑制），

① Jesper Hoffmeyer. *Signs of Meaning in the Universe*, 1996, Bloomington：Indiana University Press, p. 20.

而且，存在着将其视为与范畴化相似的可能。

如果基因表达不是仅由基因自身，而是由细胞进行的解释过程决定的，而且可能以不同的方式来进行，那么，我们或许可以看到，在其间有一个符号过程。如果除此之外，一个细胞的基因组的解释方式可以被传播到另一些细胞的解释方式中，我们就有理由说，这个过程是一种翻译。

父母生命体对基因组的解释，可以被传达给后代生命体对基因组的解释。在生物学上，这是由基因和后天的遗传系统共同作用而造成的。如果翻译的意义和上面给出的定义一致，它就可以被称作翻译。

要被接收细胞完全解释，基因组自身的传播往往是不充分的：注意到这一点非常重要；在基因组自身传播之外，还需要许多外在的信息。因此，我们认为这些系统（EIS and GIS）在形成同一个遗传系统时，必须被放在一起。但是，如果后天系统自身很相似，在细胞的基因组被替换的实验中，有时候细胞就仍然有可能会对基因组进行翻译。它和这样的情形类似：由于另一个文化和我们的文化的相似性，尽管我们对该文化一无所知，它的文本仍旧有可能部分地被我们所理解。

行为模式和语言模式也可以通过行为和语言遗传系统进行传播。由此，行为和语言符号得以被翻译。相应的，行为遗传系统和语言遗传系统是翻译的不同形式。

在近几十年的分子生物学中，翻译这个术语是使用最为普遍的词之一。它的定义是"接收由信息核糖核酸编码的基因信息的蛋白质合成中的步骤，被用于合成多肽链"[1]。事实上，当它被运用于蛋白质合成中特定的步骤时，它是一个比喻，并且应该继续作为一个比喻。然而，同一个过程无疑是生物翻译过程的一个构成部分，其中，子细胞对从母细胞继承而来的基因组进行了解释，但整个过程比分子生物学所说的翻译要丰富得多。

翻译符号学的功课：进一步的问题

人类语言的翻译活动，普遍预设了译者懂得两种语言——他/她所翻译的语言和所要译成的语言。我们很难在任何生物学的例子中看到这一点。因此，在我们谈到生物翻译时不会使用这一预设。

---

[1]　John；Kendrew；Eleanor Lawrence，. *The Encyclopedia of Molecular Biology*，1994，Oxford：Blackwell Science，p. 1094.

塔尔图的进路

但是，真正的翻译和生物翻译之间的区别，并不像看上去那么严格。首先，即使对源语言所知甚少，翻译也无疑是可能的。其次，很难画出翻译和非翻译的界限。再者，就像上文中两种不同种类的山雀的例子那样，一个物种的警报声（由其他不同的物种发出的警报），可以被另一个物种的符号系统解释出部分的含义。

第二个疑问点在于：源语言与翻译语言必须不同——没有分界，也就没有翻译，而只是重复地阅读，仅仅是反复。反方的观点则认为，即使源语言和翻译语言相同，也可以有翻译，因为环境界（包括同一个物种的个体的环境界）是不同的；如果环境界是同样的，那么（如洛特曼1978年所强调的）交流就不存在。因此，每一个感知到的、使源自于另一个环境界的信息在自己的环境界中变得可理解的传播，都假定了翻译的存在。

下一个问题关注的是，任何信息中的、没有句法的翻译的可能性。虽然我们同意这样的看法，认为人类和其他动物的传播系统在丰富性上有着差别，很大原因是后者没有句法，但这并不意味着后者就不能翻译。事实上，句法组织了复杂的信息，对翻译非常有帮助。然而，对意义的正确辨认或许是以对语境、对深层结构的辨别为基础的，因为如同伯格兰德（R. de Beaugrande）所观察的，翻译中的对等性不是必须由词语或语法的建构而获得，而是由交流情景中的文本功能所获得的。

在视觉交流的情况下，动物交流句法的缺乏也会受到质疑，因为在视觉交流中，动物（当它们成对或成群地运动，或者互相争斗等时，包括同一物种和不同物种的交流，如捕食者和猎物）可以以高度的精确性调整它们的动作。一个动物对另一方以运动再现的视觉符号的分析，或许在原则上除了前句法因素外，还包括了句法因素。

句法符号所在之处可能会形成类似的功能，通过进行交流的动物社会地位的不同，或者通过行为动作的等级性。这可以和没有对等物的创新性文本的翻译相比较，而且可以用符号（如标题、题词、导言或设计）做出标记，来引导它的感知。

[Kull, Kalevi；Torop, Peeter 2000. Biotranslation：Translation between umwelten. In：Petrilli, Susan（ed.）, *Tra Segni*. Roma：Meltemi editore, 33—43.]

智域符号学和重要的符号

凯伊·科托夫著 汤黎译

　　符号学中最重要也是最难的问题之一，是符号现实与非符号的、外符号的现实之间的关系。在这篇短文里，我首先会从智域（noosphere）方面检视文化符号与物质的现实的汇合，然后提出强调习性（habit）这一概念的方法，以阐明符号学与非符号学的现实之交界的活力。

　　我们在讨论中所运用的智域的概念来自于俄国的生物化学家维纳茨基（Vladimir Vernadsky），是他的生物域概念所派生的。① 维纳茨基用生物域这个术语，来表示"包围活着的生命体（生命物质）的整体和环境的自调节系统，它涉及生命的真实过程，即包含了对流层、海洋、地壳的上层"②。在生物域的演进中，基本的决定因素是由生命过程引起的原子交换的增多。其中，智域这一阶段表示，"人类文化的能量"起到的作用，取代了生命物质所创造的生物基因能量的作用。由此，或许我们可以提出另一个构想：智域描述了地球生物域研究中的一个阶段，在这一阶段，人类文化的符号过程是引起变化的主要因素。

　　洛特曼也谈论过符号域与智域之间的分野："智域是生物域发展中的一个特别阶段，它和人类的理性活动相连"，并补充说，"如果智域代表的是覆盖我们星球一部分的三维物质空间的话，那么符号域的空间则具有抽象的特征。"③符号域存在并继续存在于共有的、经过（重新）调节的个人生命经验之网中。智域是物质的现实，是（人类）生命体的物理环境，并不和符号域相对，而是由后者转换而来的。智域是符号过程的产物，但它并不仅仅由于或是为了符号过程而存在。它也是两大系统的交界：符号系统和非符号的、无生命的物质系

---

　　① 查顿（Teihard de Chardin）是将智域概念作为生物域演进阶段的另一个主要提出者。他认为智域是"思维层"，是在思维和它的物质母体之间的分界。

　　② George S. Levit, *Biogeochemistry, Biosphere, Noosphere. The Growth of the Theoretical System of Vladimir Ivanoivch Vernadsky*. 2001, Berlin: Verlag fur Wissenschaft und Bildung, p. 57.

　　③ Juri Lotman, "On the Semiosphere", 2005 [1984], Sign System Studies, 33 (1), 205-229.

统："智域是人类的思维导致的、以化学方式改变的物。符号域不是物，而是整套的符号关系，即符号过程的域。"①

作为交界，智域可以在符号学上被理解，但这种理解并非是即刻发生的。这或许就是当我们考虑到实际的意涵时，对我们生活的世界进行研究和理解的符号学方法，要比我们预期的少得多的原因。

如果说智域是人类的思维导致的、以化学方式改变的物，那么，当我说到，符号学是研究智域的科学时，这意味着什么呢？符号学是一门学科，它的研究领域，即它所概念化的，正是作为智域创造基础的符号现实。伊万诺夫指出："符号学的任务是对符号域进行描述，没有符号域，智域是无法想象的。"② 因此，这一任务不仅是明确处理个别的文本和系统的学科内部方法论的要求，也是对符号学的社会运用，它将符号学作为研究符号域的科学。

符号学的概念力量在于，它能够辨认出这种交汇，更在于它能够重写因果关系：不是从物到思维，而是从思维到物。这一变化为理解人类符号域的活动和物理现实之间的关系提供了全新的观点，因此非常重要。这一观点将形成的（赋形的）力量归结于符号过程中创造和保持的特征，但它并没有抹除物质现实抵抗符号过程力量的能力。当我们发现梦是假的，或者视觉被扭曲、建筑偏离蓝图时，我们能体验到这一点。（应该注意的是，这一抵抗的能力也同样适用于陌生的符号系统，以及真实生活的情形，它包含了非符号的、物质的和外来的符号系统的多重交界。）

格雷格里·贝特森（Gregory Bateson）指出，心理过程需要并行的能量，这在符号过程本身中是不具备的，他将其描述为具有"影响重大的不同"的特征。他认为，生命物是受物理学的重要传统规律支配的，"在生命事件中，不存在对能量的创造或毁灭"③，由此，心理过程中涉及的总体系统结合了决定（由不同所激发，导致进一步的不同）机制和能量来源，一个主要由化学和物理过程来描述的丰富世界。

与之相似的是，杜威也建议，要协调人类力量，包括想象、辨别和外在的

---

① Kaie Kotov, Kalevi Kull. "Semioshere is the relational biosphere", in C. Emmeche and K. Kull (eds.), *Towards a Semiotic Biology：Life is the Action of Signs*. 2011, London,：Imperial College Press, p. 189.

② Vyacheslav V. Ivanov, *Izbrannye trudy po semiotike I istorij kul'tury*. Vol. 1. 1998, Moskva：Shkola "Yazyki russkoj kul'tury", p. 792.

③ Gregory Bateson, *Mind and Nature：A Necessary Unity*. 2002 [1979], Cresskill：Hampton Press, p. 94.

力量，即物质和能量的需要。杜威将对人类力量和外部资源的协调称为习性，认为它是"只能在被作为信仰、欲望和目的之系统的具体物中的思想，这一系统是由生物能力和社会环境之间的互动形成的"①。他还指出，习性是"积极的、展现自身的手段，是具有活力的主要行为方式"②，而"外部的物质或身体的、心理的器官都不是自有的手段。它们必须在和彼此的、经过协调的联合中被使用，成为真正的手段或习性"③。由此，贝特森和杜威都建议将符号关系和"外在的"资源（能量和物，物质和工具）相协调，对杜威而言，也在某种程度上对贝特森而言，习性这一概念可以对协调进行描绘，它将符号现实和非符号或者说外符号的现实联系起来。

在皮尔斯的符号学说中，习性也起到了重要的作用。1907 年，皮尔斯问道："我绝不认为一个符号可以是'无遮蔽'的，也就是说，我反对将符号最终的意义视为如此，而导向实验主义的谜题，或者说，至少是我的学说形式的谜题，即'无遮蔽的或是最终的意义是什么'?"④ 在皮尔斯看来，最终的解释项，即只有在思维的界域中，可以终结对下一个符号的无限指称的最终意义，就是习性：

> 真实的、有生命的逻辑结论就是习性；语言的形成仅仅对其进行了表达。……作为逻辑解释项的概念仅仅是不完全的，它在某种程度上参与了语言定义的本质，是次之于习性的，在很大程度上，就像语言定义次之于真正的定义一样。⑤

肖特（Thomas Short）认为："只有通过目的行为媒介，语言和思想才和外在于它们的世界相连，并获得它们的或者与它们相关的对象，即使这种目的行为只是可能目的的潜在行为。"⑥

当考虑到符号现实和"外部"现实之间关联的活力时，皮尔斯的信仰—习

---

① John Dewey, *Human Nature and Conduct*: *Introduction to Social Psychology*. 1922, New York: Henry Hold and Company, p. v.

② John Dewey, *Human Nature and Conduct*: *Introduction to Social Psychology*. 1922, New York: Henry Hold and Company, p. 25.

③ John Dewey, *Human Nature and Conduct*: *Introduction to Social Psychology*. 1922, New York: Henry Hold and Company, p. 26.

④ Thomas Short, Peirce's Theory of Signs. 2007, Cambridge: Cambridge University Press, MS318.

⑤ Charles Sanders Peirce, The Collected Papers of Charles Sandres Peirce. Vol. 5. 1958, Cambridge: Harvard University Press, p. 491.

⑥ Thomas Short, Peirce's Theory of Signs. 2007, Cambridge: Cambridge University Press, p. 59.

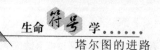

性（belief-habit）概念是有用的，也是令人着迷的：

> ……每个习性都有着，或者说自己就是通用的法则。无论什么是真正通用的，它都指向无限的未来……未来是一种可能，而不是真实的实现。将普遍的信仰或观点，如推论的结果，和习性尤其分别开来的，是想象中活跃的部分。……反过来，最重要的一点是，只要这些环境得以实现，仅仅在想象中形成的信仰-习性……同样将影响我的真实行为。[①]

这段简短的讨论暗示了符号学的一个重要关注点：如果全球的、集体的文化和个体的、地方的文化是地球上最大的转变力量，那么，是什么决定了它这种自我转换的能力？如何描述出，甚至可以说，怎样才能够诊断出文化的弹性程度或者惰性程度？

对人类的理性和有意识的决定进行研究时，维纳茨基的智域概念是很受欢迎的，或许超过了它应得的程度，从而使人忽略了个人或文化培养具有的全部情感能力，以及关于世界的部分潜意识的、不明确的概念，它们对将物的意义具体化、映现化也产生了很大的作用。尽管存在着这些细微的差别，当维纳茨基的智域概念指向思想（及符号）起到作用的、物受到关注的汇合点时，它仍然具有相当的概念力量。

习性的概念是实验主义传统所构想出来的，由杜威和皮尔斯各有侧重地进行了阐发，它为符号现实和非符号现实之间提供了连接的桥梁。这一桥梁同时也是符号学中最令人着迷的问题之一。它是我的思维（不管它是什么）起到重要作用的点——它对环境产生了影响，或许在符号学本身的研究范围之外。由此，习性的概念也和符号关系与无生命的物质之间的交界有很大关系，和符号域与智域的交界有很大关系。如皮尔斯所说，符号域为智域赋形，而智域是符号域的最终解释项。

[Kotov, Kaie 2012. Semiotics of noosphere and signs that matter. *Chinese Semiotic Studies* 7 (1).]

---

① Charles Sanders Peirce, The Collected Papers of Charles Sandres Peirce. Vol. 2. 1958, Cambridge: Harvard University Press, p. 148.

符号域：作为文化符号学的研究对象

皮特·特洛普著　赵星植译

文化符号学的学科逻辑使得"文化"成为其研究对象。但是，在几年前，文化符号学以及塔尔图－莫斯科符号学派的创始人之一，伊万诺夫（Vyacheslav Vs. Ivanov）教授在他的文章《符号学的史前史与历史纲要》（"The outlines of the prehistory and history of semiotics"）结尾处写道："符号学的任务是描述符号域，不然的话，我们无法认知智域。符号学不得不帮助我们在历史的长河中确定方向。因此，符号学在未来的最终建立，少不了积极致力于这个科学领域，以及整个科学链条中的学者们的共同努力。"①

显然，伊万诺夫已经站在了跨学科的逻辑上。"符号域"这个术语在此处被放置于"生物域"与"智域"之间。按照此逻辑，用符号学来描写"符号域"可以帮助我们了解如何在历史中定位，但是，"历史"这个术语对于塔尔图－莫斯科学派的人来说是一个过于复杂的概念。

作为文学与文化历史学家，洛特曼对各种历史选择中"非物质化的可能性"尤为感兴趣，而这对"符号域"语境的形成起了重要作用。他本人异常感兴趣的是，在"文化爆炸"的环境下，选择不同的发展策略可能在关键性时刻造成何种不同结果；他也在其最后一本专著《文化与爆炸》（*Culture and Explosion*，1992）中讨论过这一问题。应几位西班牙同事的请求，我曾经与他在该书出版的当年谈论过这个问题。我将在下文中引用与洛特曼谈话中的一段：

> 人民、历史的命运及其科学的成就是无法预测的。……我可以这么说，机会或者意外并非真的是那么偶然的。机会实在是太弥散了，以致留下了足够宽的选择范围，从而使许多事物可以在此找到自己的位置。但是，机会并非不可预测。我想如果在许多新的观念中存在着一些已经成为

---

① Vyacheslav V. Ivanov, *Izbrannye trudy po semiotike I istorij kul'tury*. Vol. 1. 1998, Moskva: Shkola "Yazyki russkoj kul'tury", p. 72.

现实的东西的话，那么其中之一——我认为是其中最重要的——就是历史的、科学的观念，还有一些其他还无法预测的观念。不可预测性应当作为科学的对象。顺便指出，不可预测性……其生成机制是科学中最重要的研究对象，从而将引导科学进入一种全新的思维方式，而这种方式本身则是艺术的一个组成部分……艺术往往导向不可预测性。依我看来，此刻一些最有趣的事情正在发生：科学研究似乎正在变得艺术化了。……艺术是一种完全不同的思维方式，更是在用一套不同的系统在模拟这世界。本质上来说，这是在创造一种不同的，与我们的世界平行的世界。我们通常认为，我们要么存在于基于科学模式所建立的世界，要么存在于基于艺术模式所建立的世界。但是，实际上我们的世界是基于上述两种模式的矛盾混合体——在这个混合体中我们遵循着不同程度的不可预测性以及此造成的不同意义。①

上述讨论的逻辑已经接近当代的跨学科思维方式，但是在讨论的结尾，洛特曼提出了一个颇具修辞意味的问题：

人类的数量巨大，他们现在，也许将来都会居住在这个星球上。人类到底是什么呢？他们是一群仅仅为了互相夺取领土、获得生存的权利而活下去的生物？或者他们这个生物群体是一种描述方式，并且其中的每一个个体又是另一种描述方式？因此没有一种描述方式能否定另一种描述方式。这就像是在它们的互反张力中创造一个第三方视点一样。②

上述这种"第三方视点"的建立实际上意味着符号学元学科地位的形成。

自从1984年尤里·洛特曼发表《论符号域》一文以来，"符号域"这个概念已经从文化符号学的术语范畴发展成为一个跨学科的术语范畴。在塔尔图－莫斯科文化符号学派的学科背景中，"符号域"一词与"语言—第二模塑系统—文本—文化"等术语相关联；而在跨学科的术语领域中，他们则更重视"符号域"与"生物域""智域"的结合，或者与"语言域"的结合。作为一个元学科的概念，"符号域"属于文化研究方法论的范畴，并且与"整体主义"、整体与部分等相对概念有莫大关联。"符号域"作为一个跨学科概念，其用法非常接近象征主义中对"象征"概念的使用：象征一词非常难以定义，但却很

---

① Peeter Torop. "New Tartu Semiotics". 2000, *European Journal for Semiotic Studies* 2 (1), pp. 5－22.

② Ibid.

适合用于表达对不可知事物的认知；与此同时，象征的语义量巨大，是一种小规模的神话。因此，相对的，"符号域"作为元学科概念对于文化研究，对于普遍文化生产机制的研究的转向以及"方法论本身的认知"起到了学科互补与整合的作用。

举例来说，当我们观察"符号域"这个术语的学术接受与使用情况时，就会发现这个术语有许多方面的优势。第一个优势就在于"符号域"这个术语可以在普遍的研究层面上使用。例如，艾琳·波蒂斯－维纳（Irene Portis－Winner）在她最后一本书中指出，这一概念创造了整体分析的视角："洛特曼的'符号域'概念涵盖了文化符号学的所有层面。所有异质的符号系统以及'语言'系统都在不停地变化之中，但是从抽象意义上来看，它们总有一些共同的品质。"① 艾德拉·安德鲁斯（Edna Andrews）认为洛特曼的"符号域"概念非常有助于理解符号过程："洛特曼关于符号域与传播符号学的大量研究为透视符号过程的'结构性原则'提供了概念依据以及研究范式。"② 此外，尼尔·康沃尔（Neil Conwell）则认为"符号域"的特点在于：它联结了共时研究与历时研究，组织了集体记忆，乃至于将系统转换到一种非常具有功能性的机制中来。而这样的机制甚至可以与荣格的"集体无意识"相关联。

而从"集体无意识"的角度来看，我们便可顺理成章地推出"符号域"这个术语的第二个优势：动态性。伯格斯拉夫·齐尔可（Boguslaw Zylko）强调，跟随洛特曼思想的演进路线，"符号域"的概念意味着从静态分析到动态分析的转变。而要促成这种转变，则必须了解"整体性"与"异质性"之间的关系：

> 从文化作为第一、第二模塑系统的集合概念，转换到文化作为'符号域'的概念范畴，这种转换其实更是一种从静态思维到动态思维的转变。如果我们参照前者，那么文化则类似于由符号系统组成的静止单位；反之，如果我们参照后者（即符号域的思维），文化则以'异质集合体'的形式呈现出来，其间充斥着'渐进'和'突变'这两种不同节奏的运动形式。③

① Irene Portis－Winner, *Semiotics of Peasants in Transition. Slovene Villagers and Their Ethnic Relatives in America*. 2002, Durham：Duke University Press, p. 63.

② Edna Andrews. *Conversations with Lotman：Cultural Semiotics in Language, Literature, and Cognition*. 2003, Toronto：University of Toronto Press, p. 8.

③ Bogusław yłko. "Culture and semiotics：Notes on Lotman's conception of culture". 2001, *New Literary History* 32 (2), p. 400.

而弗洛伊德·麦乐（Floyd Merrell）也强调"符号域"所体现出来的动态性优势。他在比较了皮尔斯、洛特曼以及生物域的研究方法后，说道："文化是一种过程（Process），绝非结果（Product）……"①

我在此提出"符号域"在学术接受上的两种优势是为了强调洛特曼方法论原则之一，即"对话主义"（Dialogism）原则，它本身促成了其"符号域"概念的建立。通常"对话"（Dialogue）这个词与米哈伊尔·巴赫金（Mikhail Bakhtin）的理论相关，显然洛特曼的"对话主义"原则与巴赫金的学说是有理论渊源的。巴赫金在署名瓦伦金·伏罗希诺夫（Valentin Voloshinov）、实际由他本人撰写的《马克思主义与语言哲学》一文中写道：

> 直接或间接指向某一想法的表述（utterance）的任何要素、或者说一个完整的表述都会相应地被我们用不同的、活跃的语境来进行表达。任何理解都是对话性的。理解相对于表达的关系，正如对话中一方的词语相对于另一方词语的关系。理解就是在寻求与对话中一方的词语对立的词语（a counter word）。只有当我们想要理解一个外来语的词汇时，才会在母语中寻找"相似"的词语（a similar word）。②

目前已经有许多学者致力于巴赫金与洛特曼的对话理论的对比研究，但是他们却都没有强调"双重理解方式同时进行"的重要性。理解在本质上是一个双重的过程：一方面它在创造不同（词语与对立词语），另一方面，它在二者之间寻求相似（词语及其翻译）。并且，如果这种"理解的对话性"是先天存在于人的思维方式中的话，那么我们则可以在本质上讨论两种对话类型。

进一步说，在洛特曼看来，仅仅了解在对话中所使用的语言是不足以理解对话的。在《论符号域》中，他写道：

> 没有交流则就没有意识。从这个层面上来说，对话先于语言，对话创造了语言。符号域的观点是完完全全基于以下观点而建立：各种符号的集合体在结构功能上先于单个孤立的语言而存在，这是语言存在的前提。没有符号域，语言不仅不能使用，甚至于不存在。③

---

① Floyd Merrell, "Lotman's semiosphere, Peirce's categories, and cultural forms of life", 2001, *Sign Systems Studies* 29 (2), 400.

② Бахтин, Михаил М. Фрейдизм. Формальный метод в литерату — роведении. Марксизм и философия языка. Статьи. 2000, Москва: Лабиринт, p. 436.

③ Лотман, Юрий М. О семиосфере. Труды по 2000, знаковымсистемам（Sign Systems Studies）17, p. 16.

在《心灵宇宙》(*Universe of the Mind*) 一书中，洛特曼继续讨论符号域，并且强调了"对话情景先于对话而被理解"的观点："对话的需求，对话情景都先于真正的对话甚至语言而存在：符号情景是先于符号过程而存在的。"这样一来，"对话"这一术语不仅与"符号域"概念紧密相关，而且成为符号域的"本体特征"之一。1983 年，洛特曼在研究中通过对符号域的讨论，首次从"整体与部分"的动态关系发展了"文化的对话模式"：

> 既然所有层面的符号域，从人类个体（或个体文本）到全球的符号直接或间接指向某一想法的表述 (utterance) 的任何要素，或者说一个完整的表述都会相应地被我们用不同的、活跃的语境来形成表达集合体，都类似于通过从一个符号域插入另一个符号域而形成的，那么每一个或者其中一个符号域则同时都是对话的参与者（符号域的一部分），也是对话本身（一个整体的符号域）。[①]

"对话"是符号域的本体特征，这也同时意味着符号域的外部与内部边界应当是"双语"的。边界进行分隔，并由此确立了身份；它也起到连接的作用，通过将"我们"和"他们"并置，为身份提供了解释。所以，洛特曼认为符号域边界最重要的特点在于其作为一种翻译机制的角色而存在。人类的意识活动也和这样的翻译机制相关，因为在确立个人身份的过程中，人首先要自己解释和描述身份为何物。因此，翻译机制成了人类思维活动的基础。因此，洛特曼最后得出结论认为"思维的最基本行为是翻译"，"最基本的翻译机制就是对话"。

符号域的对话性也为符号域概念增添了科学史这一重要维度。1992 年，洛特曼在《符号系统研究》第 25 期的前言中写道（这也是洛特曼生前最后一篇文章）：

> 在过去的几十年中，符号学已经发生了改变。在其艰难的发展道路中，符号学获得的一点重要的成就在于它与历史学的合一发展。历史的认知向符号学靠拢，而符号学思维也包含越来越多历史的特质。符号学方法正在力图避免历史进程所造成的条件性阻隔。[②]

---

① Лотман, Юрий М. О семиосфере. 1984. *Труды по знаковым системам* (*Sign Systems Studies*) 17, p. 22.

② Juri. Lotman, *Universe of the Mind: A Semiotic Theory of Culture*. 1990, London: I. B. Tauris, p. 3.

洛特曼也在此文中得出这样的结论："每一代都可以用某种语言来描写昨天，也可以用来描写明天。"①

谈到当代科学与符号域概念结合的趋势，我们必须要记住符号域作为对象概念与元学科概念同时存在。符号域既是文化研究的对象，也是我们研究文化所使用的方法。人们常说"用符号域的方法研究符号域"，其实这并非是一个悖论，反而恰恰指出了研究对象与描述语言之间的对话性特征。作为研究对象的文化动力促使科学去探寻新的描述语言；相对的，这些新的描述语言反过来会影响文化动力因素，因为他们为文化的自我描述提供了新的可能。但是，从历史的角度来看，这种新的描述语言只不过是一种方法论意义上的翻译语言。因此，"符号域"这个术语其实连接了文化符号学的其他许多概念，也在文化发展的动态关系中获得新的关联。

由此，第一个值得我们重读的是俄罗斯"形式主义"领军人物尤里·特尼亚诺夫（Yurij Tynianov）的相关论述。在《文学事实》（"Literary Fact"）一文中，他写道："文学事实是异质的，因此从这个层面上来说，文学是一种不断演变的秩序。"② 对于特尼亚诺夫来说，文学秩序或文学系统的问题统统源自功能问题：

> 文学系统首先是文学秩序的功能系统，并且这种功能系统不停地与其他秩序发生关系。系统在其结构层面改变，而人类活动所造成的变异却一直被保留。如同其他文化一样，文学的演变，无论是其节奏，还是其特征，都不会与整个系统同步，甚至可以说他们之间没有关联。这种演变特征取决于与其相关的其他物质的特性。结构功能的演变会很迅速地发生，而文学功能的演变却需要经历几个时代的时间；最后，整个文学系统功能的演变，依赖于其他相邻系统的关系，其演变时间则需要几个世纪。③

依照特尼亚诺夫的系统观，我们可以发现文学秩序与其他秩序，如日常生活秩序、文化秩序以及社会秩序之间的相互关系的重要性。日常生活在口语层面与文学秩序关联，因此，文学对日常生活发挥了言语功能的作用；作者对自己文本的要素的态度则发挥了结构功能；而同样是这篇文本，作为文学作品，却对文学秩序发挥了文学功能；反过来，文学对日常生活的影响，则反映了其

---

① Juri. Lotman, *Universe of the Mind: A Semiotic Theory of Culture*. 1990, London: I. B. Tauris, p. 4.

② Тынянов, Юрий. Поэтика. История литературы. 1977, Кино. Москва: Наука, p. 270.

③ Тынянов, Юрий. Поэтика. История литературы. 1977, Кино. Москва: Наука, p. 277.

社会功能。因此，对文学演变的研究首先假定了与文学关系最近的相邻秩序或系统的关系，其次是从文学结构到文学功能、再到言语功能的逻辑路径。总之，"演变是系统内部结构与形式二者相互关系的改变"①。

第二个我们需要重访的是符号域学术史上的代表人物罗曼·雅各布森（Roman Jakobson），他在于 1956 年发表的《作为语言学问题的元语言》（"Metalanguage as a Linguistic Problem"）一文中写道："我们必须在语言功能的所有变体上研究语言。"② 由此他提出了交际模式的六因素及其功能，并且认为这种"多样性并非是由某种语言功能的单独作用造成的，而取决于这些语言功能间的层级次序"③。

随着文化技术环境的迅速发展，我们认为这种分层原则是雅各布森翻译与感知过程理论的基础。他所谓的语际翻译（interlinguistic）、语内翻译（intralinguistic）、跨符号翻译（intersemiotic）这三者翻译类型既是三个独立整体，同时也是单个翻译过程或者部分交际过程中的内在动态分层关系。同样，雅各布森在强调人类社会的五种感觉的符号价值时也是采取这种分层原则："在人类社会中，五种外在感觉都携带着符号功能。"④ 雅各布森预见了文本本体多样性剧增并且由此带来的理解难题，因此他强调区分匀质信息（如基于单个符号系统的信息）与合成信息（如基于许多符号系统集合体的信息）的重要性。他指出："交际研究必须区分使用单个符号系统的匀质信息与基于多个符号混合体的合成信息二者之间的关系。"⑤

另一位值得注意的符号域学者是巴赫金，我想在本文中谈一下他关于"时空体"的理论。巴赫金在去世之时并未完成"时空体"的相关研究，但是，我们还是可以从"时空分层"的角度来重构巴赫金对文学的普遍理解。在水平面上，所谓的"时空分层"可以分为如下几层：地形时空体（或同音异义），心理时空体（或复调）以及形而上学时空体（或异调）。但是，在所有这些层面上，我们都可以讨论这些空间分层中"我们"与"他们"的双重性，这种双重性也是所谓"小时空体"的基础，正如路、桥、楼梯等。依巴赫金的观点，不

---

① Тынянов, Юрий. Поэтика. История литературы. 1977, Кино. Москва：Наука, p. 281.

② Roman Jakobson, "Metalanguage as a linguistic problem". In Roman Jakobson, *Selected Writings*. Vol. 7. 1985, The Hague：Mouton, p. 113.

③ Ibid.

④ Roman Jakobson, "Language in relation to other communication systems". In Roman Jakobson, *Selected Writings*. Vol. 2. 1971, The Hague：Mouton, p. 701.

⑤ Roman Jakobson, "Language in relation to other communication systems". In Roman Jakobson, *Selected Writings*. Vol. 2. 1971, The Hague：Mouton, p. 705.

理解这种时空体性质（chronotopicality），那么我们就无法理解艺术世界。

由上观之，目前有三种研究路径摆在我们面前：特尼亚诺夫关于文学演进过程的分层观，雅各布森关于交际过程的分层观，以及巴赫金关于文本的时空体分层观。而这三种研究路径正好为"符号域"概念的出现提供了理论准备。

在《文化符号学研究论集》（*Theses on the Semiotic Study of Cultures*）中，塔尔图-莫斯科学派发表了一篇专题文章，该文章将文化符号学定义为研究"不同符号系统功能相关性"[①]的科学。这个定义同样包含了符号系统分层的思想：

为了阐明"文化是某种第二语言"的观点，我们引入了"文化文本"（culture text）的概念，这种文化文本是嵌在第二语言中的。因此，只要承认一些自然语言是文化语言的一部分，那么我们就不得不考虑自然语言中的文本与文化中的言语文本相互关系的问题。

我们可以在这里增加另一个观点，作为对可能世界逻辑的补充："文本空间中某个具体文本的空间可定义为潜在文本的总体。"[②]

因此，直到上文发表之时，洛特曼仍强调重视文本的开头和结尾，或者说重视文本整体框架结构。对于洛特曼来说，文本是一个"有边界的总体"（a delimited whole），并充满了各种边界限定的可能性；无论是自然边界还是人为边界，这些边界限定都保证了我们可以讨论文本的各种层次，以及这些层次的连贯性和层级性。即便当文本并非是自然语言而是电影语言时，洛特曼也可以通过描述电影语言的区别性特征，在标出性-非标出性的基础上分析电影文本。然而到1981年，洛特曼的文本观点发生了根本性转折，在《文化符号学与文本概念》（"Culture Semiotics and the Notion of Text"）一文中，洛特曼用"文本的传播"的概念替代了原初"文本解析/解码"的概念，并且通过对文本在文化系统中的传播和文本与读者之间的关系的描述，创造了完全不同的、补充性的传播过程的拓扑学：（1）发送者与接收者之间的传播过程；（2）接收者与文化传统之间的传播过程；（3）读者自己内心的人内传播过程；（4）读者与文本之间的传播过程；（5）文本与文化传统之间的传播过程。在文本分析中使用"传播"这一术语实际上标志着文本分析的"符号域转向"，尽管当时此概念还并未形成。同样，将文本看作一个传播过程，也意味着我们可以从多种不

[①] *Theses on the Semiotic Study of Cultures*. (Tartu Semiotics Library 1.) 1998, Tartu：Tartu University Press，p. 43.

[②] *Theses on the Semiotic Study of Cultures*. (Tartu Semiotics Library 1.) 1998, Tartu：Tartu University Press，p. 45.

同的方式来理解文本，当然，还意味着我们可以分析这种不同的理解方式本身。

当洛特曼的文本理论转向参数式的、多种方法结合的范式时，如何将个体与普遍、部分与整体、描述与自我描述等这些相对观念整合在一个更高的范式概念下？这种整合的需求变得很迫切。在文本分析中，"边界整体"与"交际总体"的并置使系统与过程的分开讨论成为现实，例如L·叶姆斯列夫（L. Hjelmslev）就是这么做的。1978 年，洛特曼发表了《文化现象》（"The Phenomenon of Culture"）一文，并在该文中提出了一种类型学概念用以区分静态与动态。而这种类型学的基础就是在如何在文化语言中区分动态因素与静态因素。在静态方面：文化语言可以分为离散语言（discrete language）与连续语言（continual language）（像似－空间 iconic－spatial）两个部分。对于尤利·洛特曼来说这两部分实际上是"符号本体原初二元论"（semiotic primordial dualism）的根本。在离散的语言中，符号先在，意义通过符号传达的意义生成。在连续语言中，文本先在，意义通过由所有异质元素组成的整体文本生成。在这两种语言之间，很难创造出"可译性"。

在动态方面，文化的以下两种过程同时进行，这是非常重要的：一方面，在文化的不同领域中，文化的"自我传播"（autocommunication）与"身份自我追寻"（identiy search）使得文化语言产生了特殊性；另一方面，文化作为整体，将"自我传播"与"自我理解"的可能性整合到"文化语言"这一层面。并且，这两种过程中都同时显现出这种整合的动态性：一方面，在文化的不同部分中自足地、融合性地产生了文化的自我描述与元描述（或作为文化的描述）；另一方面，文化的不同部分之间的相互交际使得文化语言离散，并且变得如同"克里奥尔语"式的混杂。因此，"克里奥尔化"是文化动态机制的特征，是文化语言成为自洽的，或纯（自我）描述语言之前的过渡阶段。

接着我们将分析"文化的自我模式"（cultural self－models），它是文化描述性过程的结果。而"文化的自我描述"将实际存在的文化的相同点进行最大化；其第二个结果在于这种文化自我模式与传统文化实践不同，而且其目的就在于改变传统文化实践；第三个结果就在于文化自觉意识中同样也存在着这种区别于文化本身的自我模式，而这种自我模式并不导向文化本身。这样一来，洛特曼并没有将文化与其自我模式的冲突关系排斥在文化的范畴以外；相反，文化自我模式概念的建立，恰恰反映了文化的创造性。在 20 世纪 80 年代，洛特曼在伊利亚·普利高津（Ilya Prigogine）的研究基础上讨论过这种"文化创造性"，在《文化作为自己的主体与客体》（"Culture as a subject and object for itself"）一文中，他写道："文化符号学的主要问题是意义生成的问题。我们所谓的'意义生成'其实就是文化整体与文化组成部分共同产出重要的新文本的能力。在伊利亚看来，新文本的生成是一种不可逆的结果，例如，文本在某种程度上是不可预测的。"①

因此，"符号域"这个概念使文化符号学将文化"整体主义"上升到了新的认识高度，并且成为分析文化动态过程的一种"整体分析"方法论。在文化符号学领域中，"符号域"术语的使用使得现今所有研究文化的学科都可以容纳到符号学之中，其目的在于找到一种能够描写文化的语言，而且这种描写语言不仅能够翻译成不同学科或者是跨学科的其他语言，更为重要的是，还可以将这些跨学科语言整合起来成为一种统一的描写语言。因此，在了解方法论的兴趣的推动下，科学尽量详细地探索文化研究的普遍原则，这也促使科学寻找经历不同且新鲜的文化现象和文本，来探寻"符号域"的解释力，而这恰恰推动了文化描写语言的自我建构。从历史的角度说，当代科学的元语言化、概念式的异质性特征则是其共同特征。

综上所述，"符号域"概念使文化符号学再次与它的历史本身相关联，而且也使"应用文化分析"与文化历史、最新的文化现象相关联。研究符号的科学和符号的艺术也得以连接。而正是这些联系决定了文化符号学在研究文化的相关科学中的重要地位。值得指出的是，符号域研究符号域自身，文化研究文化本身，这都并非是悖论：因为这些所谓的"悖论"只是发生在人类文化某个单个的符号域中，而每个符号域（或每个文化个体）都在致力于通过不同的科学角度从不同层面来描写文化，而这种描写行为本身则成为"文化的自我描述"。同样的，我们建立不同研究文化的方法，也使我们自己成为文化创造性的一部分。

[Torop Peeter. Semiosphere and/as the research object of semiotics of culture. *Sign Systems Studies* 33.1，2005，159—173.]

---

① Лотман，Юрий М. О семиосфере. Труды по 2000，знаковымсистемам（Sign Systems Studies）17，p. 640.

环境界的文化根源

瑞因·马格纳斯，卡莱维·库尔著　彭佳译

文化，符号域和环境界

符号学家、文化学家洛特曼认为，文化和人类个体的思维在几个基础的特征方面是同构的；在一些普遍的结构和动力规则上，这两个复杂的符号系统也是同构的。文化和个人的世界，都是符号过程的领域。它们都有许多符码、几个符号系统、翻译过程、异质性、不对称性、边界、中心和边缘、连续性和离散性、不可预测性以及某种过程逻辑。两者都包含在交流和对话中，由交流和对话这两个个体语言的基础来进行模塑。洛特曼提出的用于描述作为符号系统的人、文本和文化，以及它们在共有的符号空间中相互交织的模型，被称为"符号域"。

符号域是所有的符号过程，以及符号过程的总体性本身的必要媒介。就像生物域是生命物质的有机总体，同时也是生命存在的前提那样，符号域是文化发展的结果和前提。除了西比奥克认为的符号过程的起源和生命起源相同的论点之外，我们还可以假设，作为辨认、区别和表意的基础的符号过程，这是人类思维和动物思维的特点。因此，我们可以将符号域描述为生命体的世界，包含了所有的生命有机体。在当代的生物符号学这一处理符号域的有机部分的符号学分支中，符号域的概念就是这样得以使用的。

在生物学上，这一符号学观点的先驱，是出生于波罗的海地区的德国籍生物学家乌克斯库尔，他提出了环境界的概念。环境界是生命体创造的世界，它居住在以符号关系为基础的意义世界里。一个相当普遍的定义认为，环境界是生命体的个体世界，或者说它是以自我为中心形成的世界，"是已知的、模塑的世界"①。这一定义本身是正确的，但可能对环境界概念的关系性强调得不

---

① Paul Cobley ed. *The Routledge Companion to Semiotics*. 2010，London：Routledg，p. 348.

够。因此，我们可以提出一个补充性的定义，即将环境界定义为生态系统中（就如符号域中），生命体所具有的一整套符号关系。

如果环境界是由关系或者说符号关联所构成的，我们由此可以得出结论，生命体是（符号）关系所产生的。环境界（作为关系型，即意义的世界）甚至先于使用再现的能力而存在，因为生命体常常能够参与没有再现关系的符号过程。当然，反过来，没有生命，也就不可能有环境界。生命是以生命体为中心的，存在于它们的主体能动性（agency）之中，因此，环境界也是个别的、个体化的。

所有的生命体都参与了对它们的环境界的建构。生命体参与塑造，是因为普遍存在着模塑和建构环境界的交流（包括自我交流）过程。对一个环境界的建造和改进，也同时是一个交流和模塑的过程。

如同西比奥克指出的，考虑到对术语"环境界"在科学中的使用情况，在英语里，与之最接近的一个词显然是"模塑"（model）。对一个特别的环境界的描述就意味着，要展示这个生命体是如何映现世界的，以及对这个生命体而言，这个世界中的对象的意义是什么。同样，在《意义理论》一文中，乌克斯库尔描述了个体世界的形成是如何伴随着意义活动的：

> 自然乐谱中的意义如同承接链，或是过渡乐节一样起作用，它发生在乐谱的和声中，将自然的两个因素连接起来。……每个意义载体总会遇到意义的接收者，即使在更早的环境界中也是如此。意义支配着一切。意义将变化的元件和变化的媒介联系起来，将食物和食物的破坏者、敌人和捕食者以及最重要的在令人惊异的变种中的雄性和雌性联系在了一起。①

符号过程系统同时也是模塑系统，这一点在塔尔图－莫斯科符号学派20世纪60年代的论述中得到了强调。这里，我们将模塑系统（包括语言和艺术）理解为许多要素的结构和它们的结合体的规则，这一结合体位于和某些认知对象的相似关系中。模塑系统提供了理解外在世界的方法，而且，它们自身就是世界形成的主要源头。

如果将乌克斯库尔和洛特曼的概念联系起来，我们还可以说，文化是通过人类对环境界的塑造持续创造出来的。作为塑造环境界的文化模塑，它包括人类在其所在的环境中的所有的建造、形塑和设计（即除了狭义的"文本"之外，还有服装、工具、技术、建筑和风景）。通过以环境界为基础的符号学方

---

① Jakob von Uexküll. "The theory of meaning". 1982 [1940], *Semiotica* 42 (1)，p. 64，p. 69.

法来研究文化，将生态系统的符号过程囊括到人类文化自身的独立整体中，可能能够进一步拓展文化的边界。这就意味着，我们将文化的基础从语言扩展到了符号过程。

我们稍后会再谈到的符号学解释，只是将环境界的概念和文化专有的建构联系起来的方法之一。为了展示这些连接的多样化，我们将进一步描述环境界的概念为对人类活动和文化过程的解释提供的推动力。我们将展示，对环境界这一概念的不同解释，如何使文化研究中不同的、相互矛盾的方法融合起来。

乌尔斯库尔的环境界模式及其构成要素

尽管德语中的"umwelt"一词一般来说译为英文就是"环境"（environment），但作为一个外来词，它指的是乌克斯库尔在 20 世纪的头十年提出的一个专有概念。[①]

环境界是生命体通过它特有的感知和制动装置而进入和形成的世界。由此，在乌克斯库尔看来，一个生物学家应该描述的现实，就是生命体本身对环境界的塑造。换言之，环境界就是由外部观察者所描述的，一整套以区分为基础的感知和行为，它在很大程度上由一个物种的成员共有。

环境界作为意义对象的世界，总是和另一个存在于生命体内部的相对物，即内在世界（innenwelt）一起存在的。如果说环境界指的是通过动物的感知和制动装置而出现的外部世界，那么，内在世界指的就是生命体经历的现象经验。但是，生命体自己并不是这样感觉的。它所感觉到的是环境界的一些对象，这些对象间接地指向了通过向动物传达意义而形成的世界的主体中心。它也是外在的对象，作为物种专有的、调节感知与制动装置的基础而发生作用。"就如环境界的因素是客观的，它们在神经系统中所带来的影响也必须以同样的方式来处理。这些影响也是由建造计划（Bauplan，building plan）所组织和调节的。它们共同形成了动物的内在世界。"[②] 在这里，我们把环境界和内在

---

① "umwelt"一词，如果在英语中用作外来词，也可能指的是法国哲学家、历史学家泰纳（Hippolyte Taine）的概念"情景"（milieu），指的是影响生命体的外在世界，以及现代德语中对 umwelt 一词的普通意义。关于对"milieu"、"environment"、"umwelt"这三个术语的历史流变的概括，见 Canguilhem，George 2001 [1948] *The Living and its Milieu*. Grey Room 3；7－31，Chien，Juipi Angelina 2005. *Umwelt for schung as a Method of Inquiry：Jakob von Uexküll's 'Semiotics' and Its Fortune Home and Away*，1920－2004. Dissertation，National Taiwan University.

② 原文为德文。

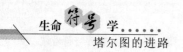

世界联系起来的首要原则，当作建造计划——它是动物特有的解剖学和生理结构。建造计划的概念包含了生命体的发展路径和它感知与行为的功能方面。尽管环境界的概念关注的是感觉器官和制动系统的活动，当我们在描述环境界的形成时，这些系统总是被视为包含在生命体本身的整体之中的。乌克斯库尔用一个图解来模拟了环境界形成过程的关键因素和特征，他将其称为功能圈（Funktionskreis, functional circle）。（图1是对乌氏功能圈模式的一个改写）：

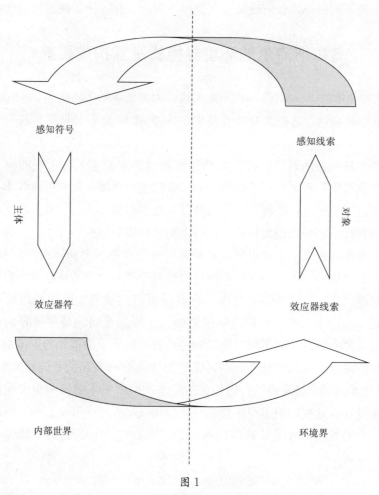

图 1

当和某个对象接触时，生命体接受的首先是一个特定的感知符号（如甜味），然后这个感知符号被作为对象的感知线索（水果的甜味）传达至外在世界。接下来，感知符号和感知线索的复合体，使效应器符号（effector sign）得以形成。效应器符号是对于对象要进行的行为（如吃水果）的映像。就像感知符号那样，效应器符号也被作为对象的线索或者属性（水果是"可以吃"的）而被传送到生命体之外。如果完成了这些必需的行为，那么新的感知符号就会出现，新的功能圈就会开始。感知和行为圈相互跟随，直到激发它们的需求得到满足（比如，动物的食欲得到了满足）。

这个模型可以被视为生物学的反射弧图式和后来的传播模型的混合。初看之下，乌克斯库尔的模型中关于内在世界的部分，可以被解释为反射弧传入和传出的联合。感知和制动线索，分别可以和刺激（stimuli）及刺激启动器（initiators of irritation）对应。和反射弧图示有很大不同的是，线性的逻辑模式在这里不起作用。因此，需要作出的解释是，这和由复杂的系统理论所作出的解释是相近的，在复杂系统中，需要同时考虑打破向上和向下的因果关系。在世界（welt）一词下纳入功能圈的所有要素，这就意味着，动物行为的观察者应该从整套意义和它们之间所有的特征关系，以及特别的感知和行为行动开始观察。只有从已经被理解的一套可能意义中，才能推导出个体行为的原因和结果，以及对某个刺激反应对的抽取，而只有通过个体的行为，世界的形成本身才是可观察、可获取的。当我们描述乌克斯库尔的环境界理论的浪漫主义哲学根源时，我们将回到部分与整体之间相互制衡的原则上去。

将功能圈模式型和经典的传播模型①相比较，可以使我们将主体既视为向外在世界发送其生理状态信息的发送者，又视为作为发送者的对象对于这些状态的反应信息的接收者。但是，功能圈模型并没有阐明这个过程中的主动和被动对象的不同。因此，它无法对感知和交流的行为进行区别。

从反映到协调：环境界的概念是如何产生的

要追寻从环境界到文化的路径，要解释如果环境界被视为文化存在的前身，该如何看待文化存在中的一些原则，我们就需要勾勒出导向环境界理论之基本模型的道路。乌克斯库尔的职业生涯，始于对海洋无脊椎动物的生理学研究。在海德堡和那不勒斯的生物实验室工作期间，他关注的是海胆、海尾蛇和章鱼等的肌肉运动。就是在关于肌肉强直性痉挛的早期著作和与此相关的对反射运动的研究中，以及支撑这些著作和研究的、关于确切机制的近两百年的争

---

①　我们理解的经典模型是线性传播模型，如施拉姆（Wilbur Shramm）、香农（Shannon Weaver）和雅柯布森的传播模型。尽管我们知道这些模型之间的不同，但在此处使用它们的语境中，这些不同可以被忽略。

论中，我们可以找到环境界理论发展的经验基础。

18 世纪对不自主运动（involuntary movement）的解释产生于 19 世纪的反射概念之前，它在几个基础上都显示出了和后者的不同。第一种反对意见认为，视觉的反映理论不能适用于刺激和运动的生物关系。康居朗（Georges Canguilhem）展示了这一时期如何产生这样的信念，即刺激和运动的对应关系是根据镜像法则（mirror law）而起作用的。根据他的原则，当事件的刺激和对此的反射由镜像神经所接收和发回时，脊髓的组织起到了"镜子"的作用。也有作者（如乔治·普罗查斯卡和罗伯特·怀亚特）反对这些言论，他们否认在解释脊髓对刺激和运动的调节中，将视觉作为对等物的充分性，并且要求为了阐述清楚这一现象而建立特有的生物法则。

19 世纪下半叶的几个反射弧经典模式延续了思维的物理主义路线，将生命体解释为许多物中的一物，可以和物理性的身体相比较，后者的冲动总是导向同样的反应。反应弧模式将神经系统描述为简单的运动转移机制，在它们广泛流传的时期，就已经有人很激烈地对其进行批评。早期的批评阵线并非来自于生理学，而是来自于心理学和哲学（尤其是实验主义）。

杜威发表于 1896 年的文章《心理学中的反射弧概念》，对反射弧主要模式中的两种比较陈旧的二元性进行了区分：其一是感觉和概念之间的二元性，它在边缘和中心结构中被一再重复；二是身体和灵魂的二元性，它存在于刺激和反省的二元性中。杜威反对将刺激和反应分开，使之成为两种不同的、分别和感觉与反应相联系的生理绝对："对于那些并非跟随感觉而来的运动，那些主要的，仿佛是感觉、想法、运动是其主要器官的生理性的生命体，我们该如何称呼呢？从心理学方面而言，将这一现实称之为协调（coordination）可能最为合宜。"①

在感觉或反应的每一个行为中，协调总是作为"理想"而存在的，它是这两者作为冲突的双方的产物，而感觉或反应则试图重新获取协调的初始状态。由此，杜威将协调当作生命体获取动力性稳定的一个过程。

乌克斯库尔和他的同事比尔（Theodor Beer）、贝斯（Albert Beth）于 1899 年共同发表了一篇文章，在该文中，他们建议了一套新的、客观的生理学命名法。他们声称，生理学应该得以净化，不再使用像"光"或者"声音"这种含糊的术语，而应该使用表现了客观刺激的物理来源和特性的术语。在这里，他

---

① John Dewey, "The reflex arc concept in psychology". In: Boydston, Ann; Bowers, Fredson (eds.). *The Early Works of John Dewey* 1882—1898. 1972, Southern Illinois University Press, p. 97.

们似乎认同了基于物理学的生理学传统，而没有采用生命体特有的视角。完全是由于乌克斯库尔在该文中采取的态度，他的研究被当作机械论和行为论的生理学的代表，尽管在他后来的研究生涯中，他和之前的理论立场保持了距离。

如果我们进一步检视，就会发现这份客观主义者的声明包含了本体论的线索，这导向了后来的环境界理论。在这份声明中，本体论和认识论立场之间的分歧显而易见，而在乌克斯库尔后来的研究中则看不到这点。几位作者为感知生理学提出新的命名法时，对客观刺激、生理活动和最终感觉进行了区分。但是，对客观刺激的脚注则宣称："我们承认刺激只是客观化的感觉，而并非他物。但是，我们认同自然科学家的信念，即为了保持可靠的论述，应该采取公正的立场，将外在的、投射的现象世界（Erscheinungswelt）[1] 作为物质存在来进行观察。"[2]

因此，几位作者提出了一个推断，即新的命名法完全是以探索为基础的。他们试图否认现实对于客观刺激的任何维护。在乌克斯库尔后来对环境界理论的论述中，他根据自己的本体论原理，调整了理论框架，从而解决了这一分歧。

这样一步是如何迈出的？是什么使最初自决的科学方法和生物现实的"需求"相一致的呢？

首先，乌克斯库尔在本体论观念上的这一跳跃，源自于哲学和科学立场的综合。传统上被严格的科学观察所排除的哲学视角，被引入到对生命世界的探索中。只有通过将属于人类知识不同领域的概念（不管是科学、哲学，还是艺术）协调和融合起来，才能将生命体理解为将自身的存在建立在协调和融合基础上的实体。[3] 对人类知识的综合理解构成了环境界概念的认识论基础，它是人类思维的浪漫主义理论的遗产。第一，它沿用了浪漫主义对人类理解力的理想，将其视为一种相互缠绕的知识结构。第二，它考虑了对象和研究工具之间的同构关系原则。在他的《色彩理论》引言中，歌德对第二点进行了比喻性的表达。乌克斯库尔引用了这段话："如果双眼不像太阳，就无法看到太阳；如

---

[1]　现象世界是出现在主体面前的、意义对象的世界。和环境界不同，它是外部的观察者无法获取的。

[2]　Beer，Th.；Bethe，A.；Uexküll Jakob von. Vorschläge zu einer objectivierenden Nomenklatur in der Physiologie des Nervensystems. *Biologisches Centralblatt* . 1899，p. 517.

[3]　从乌克斯库尔的遗产中，我们发现了大量讨论科学中的哲学问题的文章和散文。这些文章首先论及了生理学家和生物学家在研究生命现象的方法上的不同。乌克斯库尔将生理学方法描述为机械方法，认为自己的立场是和生物学家一致的。

果太阳不像双眼，就无法在空中发光"①，以及歌德的断言"只有另一相似物才能辨认出相似物"②。对象和描述系统的结构原则必须彼此相配。观察者和被观察者之间的这种配对和相似，并不要求一个系统和另一个系统的重叠或重合。相反，描述这些关系的中心概念是对位法（*punctus contra punctum*），即两个系统必须像和弦中的两个音符一样相配。要理解怎样才能从感知系统发展到交流对话系统，反应性的、对位法式的一致原则是至关重要的。这一关键因素也为基于环境界概念的研究开启了可能，使环境界不仅作为一个描述系统，也作为理解的工具。在这种情况下，动物不仅仅是科学观察的对象，还是对研究者自身的感知和认知图示所提出的研究问题的回应。研究者参与了交流行为，这为他们提供了关于自身思维的知识，就像为他们提供了关于交流性的、被观察的动物的知识那样。一个人越能意识到自己的感知局限，并由此认清自己的研究工具的结构，对另一方的理解就越与其特征一致。这种情形之下的科学真理，不需要在理想主义和现实主义的前提中选择其一——只有在对信息相互交换的参与中，它才得以形成，而在这种交换中，对象阐明了主体的特征，反过来也是如此。

作为文化模式之出发点的环境界理论

对于环境界理论怎样才能特别地运用于人类，乌克斯库尔没有提出重要的观点（除了他不断提醒到，所有的研究者都有自己的感知边界，即使在谈论到其他物种的环境界时也是如此，以及他相当随意地挪用环境界的概念描述朋友们的品格）。但是，对后来的哲学家，以及思考环境界概念之于人类的适用性的人文学科研究者而言，他对这一概念的论述起到了推动力的作用。

为了精确起见，我们不会致力于描述环境界概念对所有方面的影响，因为它已经进入了思维的各种各样的传统中。因此，我们关注的是环境界理论中的四个主题，它们引发了对人类特有的环境界的讨论：第一，将感知和行为的配对作为"活着"的基本属性，以及人类特有的印象和表达得以进一步发展的源泉；第二，动物和人类行为之即刻性与调节性的对立；第三，所有生命体的符号内置性，它导向了这样的观点——将生命作为符号行为的主要起点；第四，

---

① 原文为德文。

② Johann Wolfgang von Goethe. *Zur Farbenlehre*. Erster Band. Tübingen: In der J. G. Gotta'schen Buchhandlung. 1810, p. xxxviii.

主体视角和系统视角的融合。

对位原则：将印象和表达相联系

首先，让我们检视四个主题中的第一个：在什么程度上，功能圈模型可以适用于人类的感觉和表达？乌克斯库尔认为，经由动物的感知和效应器线索，所有对象都是通过引发完全不同的感知和效应器反应而进入环境界的。接收信息，然后做出反应，这种在生命体特有的形式中重复作用的双重过程，是所有生命体的特征。尽管从细胞受器蛋白质和（作为蛋白质的）信号分子的感知，到相应的基因表达、新陈代谢的变化或者（作为效果的）细胞凋亡行为，再到脊椎动物通过高度分化的、（作为受器的）感觉器官和（作为效应器的）边缘系统的定向，其间经历了漫长的进化过程，这两大系统都要在作为基础的受器和效应器活动之间建立编码的对应性。这并不意味着，我们要断言说同样的冲动总是导致同样的反应。具有特定形式的和生理状态在进行中的生命体，是作为翻译母体起作用的，这个翻译母体为了保持自身的每一个以对象为导向的功能圈的有机形式，利用了感知和制动系统的对应性。感知和行为的编码双重性仅仅是一个设备，通过它，生命体和对自己而言特有的存在形式的基本意义相遇。将生命体解释为一个翻译母体，就意味着它提供了一个解释的框架，其间所有被感知的对象都是被视为可施以行为的（actionable），而所有被施以行为的对象都是可感知的（perceivable）。

由此，我们可以推断出，只有通过两者共同的意义框架，才能够在生命体对环境的感知和它对此的反应之间形成明确的关联。而且，很重要的是，我们要表明，一旦这样的关系得以建立，它的运作对保存意义框架本身就是必要的。因此，生命体的特别形式和活动有赖于它的感知和行为之间、印象和表达之间的编码差异。后一个原则，即为了保存复杂的现象或形式而必须要有双重活动，是一个一方面为生物哲学、一方面为感知现象学和艺术提供普遍讨论的话题。将这两个领域联系起来的重要作者之一是梅洛－庞蒂，他也从乌克斯库尔的环境域理论中找到了强大的动力，尤其是从乌氏 1956 年至 1958 年之间在法兰西公学院开设的自然课程中获益良多。

梅洛－庞蒂认为，身体作为感知体和被感知的物，具有必然的双重本质，这一看法可以被归纳为他的"双重感觉"（double sensation），即当"我"的一只手碰触另一只手时，所具有的重要动机。它解释了为什么一个，即同一个身体可以是行为和被施与行为的基础，而不会同时处于两个位置。如梅洛－庞蒂解释的那样，碰触和被碰触的状态总是可回转的（reversible），此间的时间裂缝不会导致这两个状态之间的主体缺失，而是"被我的身体的总体存在，被世界的总体存在所跨越，它是两个彼此依附的物之间的压力零点"①。他进一步假设说，可回转性原则并不仅仅存在于一个人自己的身体中，而是存在于不同的生命体中，他将其称为"身体交互性"（intercorporeity）。我们也由此感知了在感知的他者，感受力从属于某一意识、同一意识，它是没有疆界的。在乌氏的环境界模型中，缺乏这种将对他者的感知作为感知主体的可能性。环境界和内在世界之间的可回转性，以及被感知的对象和感知主体的可回转性，都是不可能的，因为主体的身份仅仅是建立在和作为反向结构（counter－structure）的对象的明确接触上。动物的世界中所有的对象都导向它自己的经验，其他主体的对象是不存在的。乌氏由此延续了康德式的对主体的看法："只能通过它的生产，我才能把握我的统一。"② 在乌氏的方法中，不同的环境界具有对应性，但这不会是因为主体对他者的感知同时是主体和对象，而是因为自然普遍的、超主体的计划。

特别的器官会以和感觉器官内化世界的相同方式将生命体外化，这能够把将自己作为可感知的对象进行展示的功能复杂化。这就是瑞士的动物学家波特曼（Adolf Portman）将皮肤和其他身体表面的功能作为现象来讨论的方式，其间发展出了由其他主体进行感知的潜在可能性。首先，进化中的交流功能，丰富了几个纯粹形态特征上的生理功能。除了保持身体恒温的最初作用之外，温血动物的毛发和羽毛还成为交流的器官；皮肤的毛细血管网络加强了皮肤的颜色，由此成为动物心身状态的符号。其次，也有许多形态特征从来没有对生命体起到过任何明确的生理作用，波特曼认为这是生命"自我表达或展示"的功能。在时间的轨迹中，这些特征也可能会获取交流的功能，就像一些颜色模式获得了拟态价值，或者说开始作为警示信号那样。

然而，对于把预期感知中的行为（以及相反）作为将人类和其他生命体连接起来的现象这一主题，美国的艺术哲学家苏珊·朗格提出了另一变化形式。和梅洛－庞蒂相似，在她晚期的著作中，朗格转向了生物哲学的问题，同时融合了对环境界理论的批评。朗格将生物体验视为"情感"（feeling），这是她建立艺术表达之根基理论的核心概念。对生命体而言，感受到的就是生命体的行

---

① Maurice Merleau－Ponty. *The Visible and the Invisible*. 1968［1964］, Evanston: Northwestern University Press, p. 148.

② Maurice Merleau－Ponty. *Nature: course notes from the Collège de France*. 2003［1995］, Evanston: Northwestern University Press, p. 22.

为，不管是影响行为还是自发行为的形式都如此。在情感出现之前，简单的生命体已经将存在建立在包含了"行为价值"的感知之上。随着神经系统的发展，情感不是作为一种属性，而是作为至关重要的活动阶段（就像水的冰态阶段）而出现的，由此，它为几个生理过程提供了"被感觉"的新状态。伴随着情感域出现的是，它转变成了一种表达。由此，如果生命体先在于情感的状态使得感知依附于行为，那么情感就以表达的形式附属于它的反面。这种"被感觉到的生命"将诸如手势、姿势等生物表达和艺术性的直观符号联系在一起，并且是它们的基础。艺术符号和论证符号不同，因为它们表达的不仅仅是概念，而且使有机体存在的更基本的层面变得可以获取。

生物表达和直观符号，都表达了印象对某一特定形式的生命的某种重要性和价值。边界器官通过过滤和挑选，选出那些仅仅对特定的生命体有意义的信息，这已经为将它们保存为其中一部分的形式而做出了行动。朗格指出："……动物所看到的主要特征就是价值，以及形式、颜色、形状、声音、温度、甚至味道的质量，我们通过这些可以自然地期望它们能够辨认出物来，并且进入它们的感知行为，而只有当它们进入作为行为价值的明显行为时，这一切才会发生。"[1]

朗格的直观形式哲学强调了感知在打开符号世界，将感觉数据作为意义容器中的作用。"眼睛没有看到形式，就永远不能赋予它（人类的思维）形象；耳朵没有听到发出的声音，就永远不能对话语敞开。"[2] 但是，在乌氏的环境界理论中，意义总是和形式一起出现的。只要所有的形式都是功能性的，而功能是基于意义的，就没有意义的前与后，因为对动物而言，这些范畴是无法获取的抽象物。

可怜的动物和有缺陷的人类

梅洛-庞蒂和苏珊·朗格都对特定的、以生命体为中心的生存模型进行了解释，它为生命体打开了这个世界，但同时，将生命体包裹在它明确的现象模型中。他们都强调了看到行为预期的重要性，即使在和世界最原始的感知接触中也是如此；感知被理解为和行为背景及一系列可能行为相协调，或者说，为

---

① Susanne Langer. *Mind：An essay on human feeling*. Vol II. 1988 [1972], Baltimore and London：Johns Hopkins Press，p. 55.

② Susanne Langer. *Philosophy in a New Key：A Study in the Symbolism of Reason，Rite，and Art*. 1956 [1942]，New York：New American Library，p. 73.

后续的行为负载了价值。

环境界理论为另外两位思想家，海德格尔和阿诺德·盖伦（Arnold Gehlen）带来了完全不同的影响。尽管他们两位使用的是完全不同的论证和知识体系，但他们都认为，要解决任何关于人类的基本问题，不可能不用环境界理论。他们都对乌克斯库尔在描述人类"作为动物"的基本条件上作出的贡献赞扬有加，但要求对解释人类的形式提出新的、对比性的原则。

盖伦发现，较之于动物和环境的完美配合，对于任何特定的环境条件，人类的缺陷都是惊人的。[①] 他指出，认为人类是有缺陷的，缺乏一切可以使他自己依附于或者适应于任何环境之可供性（affordance）的看法，可以追溯到赫尔德（J. G. Herder）对人类文化起源的思考上去。在通过特化器官以适应环境的要求这一点上，人类是很无能的，他们必须选择另一种应付的策略。由此，文化作为对生物缺陷的补偿机制得以建立。盖伦认为，在生物学的意义上，人类远未做好准备。

和盖伦、舍勒、波特曼不同，在描述人类较之于其他生命体的不同位置时，哲学家海德格尔和卡西尔没有将人类特殊的形态特征和随之而来的、适应性上的不足作为起点。但是，海德格尔和卡西尔都更为严格地关注人类特殊的、和外在世界相连的心理模式。在更广的意义上，他们都揭示了人和动物之间符号学或者说符号的裂缝，揭示了人类对即刻的生理反应限制的逃离。在《人论：人类文化哲学导言》一文中，当卡西尔讨论人对符号形式世界的进入时，他也考虑到了由此加诸人的新的强制行为。一旦新的符号互动域得以开放，人类就会完全卷入其中，为它所包围。从此以后，符号过滤就成了从自我到世界的唯一路径——尽管在本质上，它总是导向自我传播——人类陷入了建立他自身同一性的知识形式之中。

海德格尔认为，人类世界脱离了即刻能力，后者是所有非人类世界的特征，这在他的学生、捷克现象学家雅恩·帕托卡（Jan Patoka）全然不同的批判性著作中得到了回应。帕托什卡认为，动物被嵌入在与即刻关联的关系中，强制性地受到持续在场状态的约束；与之相反，人类不仅对过去和未来的领域敞开，也对过去和未来的所有可能形式敞开，他将其称之为准结构（quasi-structures），以及准未来（quasi-future）和准现在（quasi-present）。

---

① 马克思·舍勒（Max Scheler）和盖伦一样，同属德国的哲学人类学界，他对将不适应性的原则作为人类这一物种进化的生物动力的想法进行了思考，将其称为"器官学的业余主义"。在这里，舍勒主要依靠的是德国生理人类学家克拉施（Hermann Klaatsch）的进化理论。

如果要对生命形式的保持进行解释，要把过去和未来的方面从任何生命体的活动中排除出去，这是很成问题的。生命体的每一个行为和活动都已经预测了某种未来的生物状态，由此影响到未来的特定有机形式的存在。动物与它的环境对象中的每一个价值和意义的相遇，同时也是和可能的未来状态的相遇。生命体"尚未达到"的状态被每一个感知行为所涉及，使得自我可以延续，而不会将时间上的持续降低为一个由记忆抽取出的先在。因此，一个生命体从来不是空间中的一点，而是个体发生和系统发生的范畴，这个范畴没有起点和终点的固定时刻，而是为了自我特定的延续所作出的确定选择。

本节对乌克斯库尔的环境界概念的已有解释进行了介绍，认为它是一个对严格的适应和决定论进行详细解释的模式，尽管它认为，动物是以物种所特有的方式依附于环境的。在下一节中，我们会回到符号学解释上去，看到上文提到的种种说法是如何受到许多作者的挑战的，他们对这一断言提出了质疑：媒介化地进入世界是人类独有的特权。

跨越符号学的门槛

20世纪70年代中期，新的环境界理论和人文学科以符号学综合的形式得以出现。这是语言和文化得以飞跃的时期，而符号学这门学科就是在那时开始严肃地对它自身的范围和程度提出了质疑。在接下来的几年中，关于如何降低符号学的门槛，人们进行了大量的讨论。他们意识到，人类思维和语言并非符号活动的开始，而动物、植物，事实上整个生命领域，都是建立在对符号的使用和符号过程的作用之上的。这些新的问题和研究视角，使得被称为生物符号学的领域得以建立，它特别关注的是各种生物过程（从免疫辨别到动物交流）的符号特性。

对任何新领域的建立，都伴随着原本沉睡的历史背景的苏醒和建构，生物符号学也是如此。在说明了它的基本原则之后，生物符号学开始了对过去的追寻和证实。生物符号学的奠基者之一，西比奥克，他的主要兴趣在动物的认知和交流上，而他所寻找到的先驱大部分是来自于行为学界。这些先驱的名单渐渐扩展，包含了生物学的几个分支领域中的科学家，比如，胚胎学家贝尔（Karl Ernst von Baer）和生理学家鲍德温（James Mark Baldwin）。生物符号学对源于生物学的先驱们的寻求，伴随着对符号学经典作家的重读。美国的实验主义哲学家皮尔斯，将成为对生物符号学研究的一个重要部分的历史导师（西比奥克称他为符号学界的北极星），但也许更为有趣的是，我们会看到那些完全局限于人文学科的作者是如何与生物符号学的讨论、与生物学的环境界模型联系起来的。

乌克斯库尔的儿子，托尔·冯·乌克斯库尔（Thure von Uexkull），将环境界理论和很多不同的符号过程模型相联系，甚至把它和一个极为不同的、被认为是和生物符号学原则对立的理论联系到了一起。他解释了乌氏的环境界原则和结构主义符号学家索绪尔的原则之间的同形关系。① 他认为，索绪尔对抽象语言系统（语言）和具体语言行为（言语）的划分，可能能够被看作是和乌氏对自然的计划（plan of nature）及生命活动中对其具体实现的划分相对应的。但是，托尔·冯·乌克斯库尔在生物符号系统和语言符号系统之间作出了重要的区分，他将前者命名为感知或单一逻辑系统（它建立在与生俱来的符码之上），而将后者称为对话系统（它建立在习得的文化符码之上）。在将乌氏符号学化的方案中，他还整合了另一些经典的符号学概念，包括莫里斯对符号的符义、符形和符用方面的区分，以及将有机需求视为解释项的观点，弗雷格（Gottlob Frege）对意义和所指（Sinn and Bedeutung）的划分，皮亚杰（Jean Piaget）的感觉运动循环反应图示（scheme of sensorimotoric circular reaction），以及皮尔斯的第一性、第二性和第三性范畴。

环境界的两个意义的融合

尽管几个世纪以来，人文学科的争论从未停止，但当代的人类科学仍然处于"社会学和心理学的地盘之争"中，即对人类思维的社会学解释和认知学解释的争论中。人文学科中的矛盾已经从相应的机构分隔以及从现象学到实证主义的许多哲学意图那里，得到了相应的支持，并且将目标指向了对这一战场的破坏。将思维的问题加以扩展或语境化，整合由学科边界所分隔的知识区域，以及发明全新的研究场所，这些都至少在某种程度上给我们带来了安慰。从这些发展的角度来看，环境界理论和之后的文化理论适应也面临两个选择：加入这一认知学—社会学争论中的任何一方，或者坚持对这种两分法的挑战。

如果从理论的完整网络中抽取出合适的思考线索，环境界的理论可以对这两边的任何一方作出贡献。除非生命体自己被解释为结构性的生物或社会关系

---

① 图尔·冯·乌克斯库尔将同形关系定义为，由不同的复杂性层级所重复的基本一致性，每一次被重复的方式都不同，但基本上是按照同一个形式来进行的。见 Uexküll, Thure von 1982. Introduction: Meaning and science in Jakob von Uexküll's concept of biology. *Semiotica* 42 (1), 1—24.

的产物，动物（包括人类）的认知环绕都会导致对所有对象的单方面的建构。除非我们要将生命体作为意义形成的主动中心，否则我们可以认为，（生物）主体的、由意义发起的活动是融入了对环境刺激的随意反应链中的。因此，为了不撕裂作为意义提供者的主体和作为被激发关系者的主体，最基本的就是，要找到可以保持环境界的两个意义的分析框架：环境界既是主体发起的，是它所理解的世界，也是覆盖整个生物域的生态关系的节点。可以将这两个意义称之为环境界理论的现象学方面和生态学方面。只有两者同时存在、同时被使用，才能保证我们超越上述困境，获得一个稳定的立场。

因此，基本的问题就是：我们是否能够提出某种主要的综合机制，以保证和产生这两种意义的一致性，并且在逻辑上解释它们的同时在场？乌克斯库尔建议，将他称之为的时间秩序（Planmassigkeit）作为综合的基础。这个词似乎暗示了，基于已建立的和谐的形而上学基础，以及操作主义（performationism）、目的论和事物的理性化状态，但后来的作者们并没有对其给出多少解释。但是，不管人们是否接受时间秩序的概念，另外几个过程暗示着，还有什么可以作为融合环境界理论的现象学和生态学方面的基础？它们都可以被视为能够建立某些实体的相对自主性的机制，同时适用于许多自然和文化现象（由此，思维现象和细胞，生命体和整个生态系统都能被包含在内）。

例如，斯特瑞福尔特（Frederick Stjernfelt）就将依赖于主体的范畴性感知作为不同物种特有的现象世界之间的连接机制："……要将自然的可能条件在不同物种的环境界之间的这些陌生的'和谐物'中联系起来，就是要依靠范畴性的感知：感知范畴形成了比喻的基调，只有它们的范畴性才使得它们能够进入单个的环境界的对应物中。"①

类别化，以及不同物种之范畴的互补性，它们的痕迹都可以通过对任何时间和空间的离散观察而被获取。除非一个物种的表达形式和另一个物种的感知——比如，猎物的运动速度和捕食者感知的时间分割，昆虫眼睛的解析度和食物对象的大小，雄鸟发音器官的音域范围和雌鸟的听觉范围——相一致，否则两个物种和生命体是无法进入彼此的环境界的。因此，生态关系对感知单元和范畴的依赖就很明显了。

个体的感知和范畴从来不是作为个别的单元起作用的，就像为了它们的融合要求的其他机制一样。它们从来不会出现在整个生命体调节性的、体内平衡

---

① Frederik Stjernfelt. *Diagrammatology: An Investigation on the Borderlines of Phenomenology, Ontology, and Semiotics.* 2007, Dordrecht: Springer, p. 236.

的自我维持过程之外。尽管自我维持过程的条件，大多被用于描述生命体之个体发生的延续性是如何在特定的参数限制中得以保存的，除非个体的生命体的自我调节得到环境的耦合稳定度的支持，即两种稳定度彼此作用，否则这种自我调节是不可能的。至少，自伯纳德（Claude Bernard）的著作于19世纪中期问世以来，生命体的自我调节和维持的能力就是生理学家的研究兴趣所在。但是，对于生态系统间的相应属性的研究和观察，是在20世纪20至30年代才出现的，此时，乌克斯库尔正在从事他主要著作的写作。在20世纪的头十年，生态系统的自我调节理论才刚刚起步，这或许是乌克斯库尔以有机论的方式，在某些场合用有机体的必需来描述整个生态系统的规律性，而没有讨论严格意义上的生态系统特征的原因之一。

结论

我们指出了乌克斯库尔的物种特有的环境界理论，迄今为止被用于对文化和人类思维的分析的不同方式。当我们把环境界理论作为对人之推论的出发点时，从它们的不同方面衍生出了具体的变体。由此，可以推出以下对环境界理论及其文化意涵的联想：

1. 如果我们将环境界理论解释为，它展示了生物形式和行为是如何使能够接收印象的生命体的感觉印象受到影响的，那么，它可能会引起对表达的艺术形式和表达之下的印象之间的耦合问题的关注；

2. 如果环境界理论被解读为，除了人类之外的所有生命体理想的生物适应和特化的理论，那么，文化就成了适应环境的这一重要需求的延伸，尽管较之于之前的形态和生理学上的适应，它完全不同；

3. 如果我们将关注点放在环境界概念中所表达的意义和符号关系问题上，那么，就可以延续对所有生命体的共有符号基础的研究；

4. 如果环境界理论被视为一种融合主体和系统视角的方法，那么，它或许暗示了对人文学科中的认知学和社会学分隔的可能的解决方法。

所有这些都在文化的不同研究方法中，赋予了环境界理论重要的位置。环境界理论的基本原理历经了几次重大的转变，每一次它们都进入一个新的文化理论范式。面对这一点，我们没有理由要对这一理论的本质进行净化，使它独立于所有的解释，因此，我们建议，将环境界理论本身视为文化理论变化的一个指标。它提供了很多肯定和文化相关的解释，以及它的文化和这些环境具体化的特性和具体实现。

将来的方向

要是说我们能从这个结论中推导出什么，那就是，对于什么是肯定与文化相关的，以及环境界理论何以得到使用的问题，我们只能提出大致的建议。

首先，关于语言本身是如何作为感知和行为系统发生作用的，以及它们和人类拥有的其他符号系统有什么关系，关于这方面的文化研究还有大量的工作要做。过去十年间，关于体验认知（embodied cognition）、情景认知（situated cognition）和表演性领域的研究展示了语言学范畴的感觉运动体验性，为进一步的研究提供了立足点，就感觉运动耦合及其在意义形成中的作用而言，这些研究可能也会覆盖乌克斯库尔描述的原则。

另一条可能的未来研究之线，则可能引向感知到交流的过渡问题。当两个相互联系的实体是"会说话的"，两者都带着自己的价值和意义时，乌氏的功能圈模型还有适用性吗？另一方对主体的行为总是有说话权，这种情形并不只是关注两个或更多直接被涉及的生物。它由任何涉及兴趣的情形所构成。因此，另一方可能通过确认主体所力图获取的对象而间接地在场。这就意味着，在进行选择的时候（不管是生活的地方、食物或别的），考虑到哪些其他的实体可以成为对象，是非常有用的。但是，对围绕对象的兴趣领域进行确认，这不应当被看作会引发竞争。相反，它可能会导致共同兴趣的建立，并为兴趣领域如何进一步容纳它们所吸引的主体的多样性，寻求具创造性的解决方式。那也就意味着，在自己的行为之下看到别的主体，意味着我们要承认，没有一种活动可以是仅仅由自我引导的。

［Magnus, Riin; Kull, Kalevi 2012. Roots of culture in the umwelt. In: Valsiner, Jaan (ed.), *The Oxford Handbook of Culture and Psychology*. Oxford: Oxford University Press, 649－661.］

第二部分　生物符号学

生物符号学的进展：我们在对意义生产的基本机制的发现上走到了何处

卡莱维·库尔著　彭佳译

前言

从格特尔塔尔会议召开，以及第一本题名为《生物符号学》的书出版算起，至今已有二十年；而"生态符号学"（biosemiotics）一词诞生已经有五十年了。在威丁顿学术讨论会上，人们积极地探索了广义生物学的理论，他们的讨论包含了清晰但尚未完全自觉的符号生物学暗示，这一会议距今也已有四十年。而且，第十一届生物符号学会议也已经召开，与会者有数百人，他们一起讨论推进生物符号学发展的方法。那么，过去的二十年间，我们在这方面取得了什么成就呢？

我们出版了两本论述扎实的生物符号学文集，对它的历史进行了描述。[①]我们有了用作生物符号学课本的专著（它有两个版本），并且至少有了可以用于教学的三个关于生物符号学的专门章节。我们还有了硕士和博士的学习计划，在塔尔图、哥本哈根和其他地方，很多学生已经写出了生物符号学的论文，并完成了答辩。但是，在生物符号学这门科学，也就是对生命现象的理解上，我们过去二十年的建树是什么呢？

在对话和交际中，理解会得到深化。我们曾几次试着提出生命符号学的主要问题和论点，包括为生物符号学提供主要原则的集体宣言。

让我试着在这里提出一些结论和问题，这是我们的生物符号学探索所共同取得和构想的。

---

① Donald Favareau, The evolutionary history of biosemiotics. In: Barbieri, Marcello (ed.), *Introduction to Biosemiotics: the New Biological Synthesis*. Dordrecht: Springer, pp. 1 − 67; Kull, Kalevi 2005. A brief history of biosemiotics. 2007, *Journal of Biosemiotics* 1, pp. 1−25.

一、更低的符号门槛区域

西比奥克的观点，即符号过程与生命是共存的，这是生物符号学的基础之一。然而，这一论点仍然有待更有说服力的论证。因此，我们应当把它视为一个假定，一个显而易见很有生产力的假定。克兰珀关于植物符号过程的论文于1981 年得以发表，而西比奥克将所有的生命（并由此将生物学）纳入了符号学的领域，自此之后，就如符号学范畴的整体论述所说的那样，生物符号学得到了真正的发展，而霍夫梅耶和埃玛齐，在相似的程度上，发展了符码双重性的概念。符码的双重性是生命和符号过程所必需的，它将艾柯的符号门槛概念纳入了讨论（例如，针对这一主题，诺特在卡塞尔组织了一次会议）。帕蒂（Howard Pattee）对认知干预进行了描述，而巴比里（M. Barbieri）则对符号概念作出了解释，他们都做了大量的工作，为西比奥克的观点提供了论据。迪肯（Terrence Deacon）在这方面做出了非常重要的努力：他提出了与生命起源相当接近的模塑过程，从而使得我们可以对符号过程的渐次起源进行描述，这就产生了符号门槛区域的概念。此外，迪肯不是仅仅将意向性的概念加以延伸使用，而是将其引入涵盖了生命初始过程现象的研究。

然而，在操作上，对最低级的符号过程的下一步，还有待我们进行研究，即对可能运用于细胞层面的符号模式以及在经验上对其进行实证的方法予以研究。目前看来，在这方面，似乎仍然欠缺足够有说服力的模式。

二、对皮尔斯符号学的（重新）解释

皮尔斯将符号过程视为过程性的，而不是结构性的，这种观点使他的方法适用于生物符号学，并具有相当的生产力。但是，使用皮尔斯的概念，也引起了一系列的问题和争论。

对此简述如下：如果我们接受西比奥克的观点，认为将生命形式和无生命的对象区分开来的现象就是符号过程，那么，把皮尔斯的符号过程模式解释为是生命系统才有的，就是有道理的。皮尔斯声称："既然习性的现象可能是……纯粹的机械装配（细胞质的分子装配）的结果，那么，假定习性的养成是宇宙的初始原则，这种看法就不是必然的。"[①] 由此，习性的概念和符码的概念紧密地对应了起来。

[①] Charles Sanders Peirce, The Collected Papers of Charles Sandres Peirce. Vol. 6. 1958, Cambridge：Harvard University Press, p. 262.

当然，我们应该辨别和区分科学史（它重构了皮尔斯在当时的语境中，在生命的不同阶段中所说的话）与科学本身（它使用了皮尔斯提出的一些模式，为了将它们用于相关的领域，而将它们去语境化了）。在生物符号学中，我们要进行的是后一项工作，因此，我们不需要在皮尔斯所说的每句话上都和他达成一致。与之相似的是，自从新达尔文主义出现以来，人无论在何时有效地使用达尔文的自然选择模式时，都完全地抛开了达尔文的继承观（即泛生论，它和在身体中散播的、在再生器官中聚合的芽球有关）。

皮尔斯发展出了一种强有力的连续论，并将可错论运用于物理法则，这意味着，物理法则本身不需要绝对精准，而是可以有例外：这是为了对多样化作出解释。接受习性之原始性的极端，也就是说，在物理学对其的研究中，它是不受物理法则约束的；相反，这种接受是与习性相似的，就像是和广义的心理相似一样。

皮尔斯之后的知识发展，使我们现在可以完全抛弃习性之原始性的假设。如果我们愿意，可以将其称之为新达尔文主义。

在对生命现象的解释上，当代学者对物理法则的看法与皮尔斯对法则的解释有所不同。帕蒂认为，尽管物理法则很严格，但它并不能囊括一切，而是留下了一定的开放性（如初始条件，或者建构工具——它们遵循严格的物理法则，但并不由物理法则决定）。与之相似的是考夫曼（Stuart Kaufman）的观点，他认为，在生命中不存在物理法则。普利高津描述的多样化模式，也是不需要习性的原始性的，这种自由源于波动可以是热力性的观点。而皮尔斯是不具备对自组织进行解释所必需的数学知识的。

由此，一些讨论多样化问题的模型，是不以物理法则必然和习性相似的论点为前提的。这仍然停留在皮尔斯的实验主义范畴之内。

在大部分论证前生命的物理符号的著作中，作者都没有对细胞过程，对现有的、生命和非生命系统之间的差别作出分析。同样的，一个与之相反的偏差，是对植物生命过程的分析和知识是不够的，人们将解释过程和符号过程仅仅限定在更为高等的动物上。

在科学中，包括在符号学中，有大量的研究都涉及比较模式。这些模式是否适用，在何种程度上适用，是本文所要分析的。我们对现象的理解，几乎全部基于我们将不用的模式相搭配的能力（通常，这不会让我们注意到不同的模式所使用的名称的区别，即词语上、术语上的区别）。如果我们找到恰当、有效的搭配，那么，模式中的不同之处就是有用的，因为它们就是一个模式区别于其他模式的意义。

皮尔斯的符号过程模式也是如此——它的有用性在于，我们如何将其与其他模式相对应。我的观点是，如果人们接受西比奥克的看法，那么将皮尔斯的模式限定在生命系统上，就是有道理的。皮尔斯自己也可能偏向于这种看法。

在这方面，我建议大家读一读皮尔斯的《人的透彻本质》一文，尽管这要求我们具备一些物理学知识：皮尔斯在文中谈到了生物物理学，并显然试图找到决定习性的、细胞质的分子机制。我们从本文可以看到：第一，皮尔斯倾向于相信，细胞质的、特别的分子构造决定着符号过程；第二，写作本文的时候，人们对物的物理结构，对细胞能量和非线性热力学知之甚少，因此，他对更低的符号学门槛怀有犹豫，这是我们应当谅解的。为了举例，让我在这里列出一些皮尔斯不那么经常被引用的段落（我故意略去了其中一部分，以使得他的观点在某些情况下稍有变化）：

"我必须对物，和物的物理方面的关系进行阐述。我认为，第一步就是，提出细胞质分子理论的框架。"[1]

"细胞质的物理特性，就是形成了习性。"[2]

"问题在于，要找到这一复合物的分子构造的假设，它将一劳永逸地对这些特性作出概括。"[3]

"真相是，尽管在数学上，对习性的分子解释是相当模糊的，但是，具有两极力量的原子系统会以这样的方式来进行实际运作，这是毫无疑问的；这样的解释甚至太过于让人满意，而不能为偶成论提供辩护。习性的现象可能会由此源自于一个纯粹的机械性配置，那么，就不必假定习性的形成是宇宙的原初准则，这种看法应当加以提倡。"[4]

"除非我们想要接受一种无力的二元论，否则，特性就必须被展示为从机械系统的一些特质性中而来的。"[5]

事实上，皮尔斯试图为习性的必要条件找到机械性的模型，他或多或少获

---

[1] Charles Sanders Peirce, The Collected Papers of Charles Sandres Peirce. Vol. 6. 1958, Cambridge: Harvard University Press, pp. 238-9.

[2] Charles Sanders Peirce, The Collected Papers of Charles Sandres Peirce. Vol. 6. 1958, Cambridge: Harvard University Press, p. 254.

[3] Charles Sanders Peirce, The Collected Papers of Charles Sandres Peirce. Vol. 6 1958, Cambridge: Harvard University Press, p. 256.

[4] Charles Sanders Peirce, The Collected Papers of Charles Sandres Peirce. Vol. 6. 1958, Cambridge: Harvard University Press, p. 262.

[5] Charles Sanders Peirce, The Collected Papers of Charles Sandres Peirce. Vol. 6. 1958, Cambridge: Harvard University Press, p. 264

得了成功。然而接下来，他转向了对习性的初始来源的假设，因为他不能对某些其他的物进行解释，而我认为，20 世纪下半叶的物理学能够对此作出解释。

我是说，首先，耗散系统是生命的必要（而非充分）条件；其次，帕蒂等人所理解和描述的，是符号过程的出现。考夫曼将其称为革命性的发生。如果皮尔斯知道这些，他应该会到生物符号学的会议上来，而且会告诉我们，库尔和马赛罗称之为符码的，就是他的术语体系中所说的习性。

将皮尔斯的符号过程模型作为一个很好的模型来使用，这是合理的，但它不是终极的模式。比方说，三元性这一皮尔斯模型的基本特征，可以被概括为多元性，即符号不是只有三个方面，而是有很多方面；而它有几个方面是相关的，这可以用对具体情况的经验分析结果来总结。奥卡姆剃刀的概念在物理学中很有用，但在符号学中，可能情况会不一样。

由此，作为科学家而非科学史家，在生物符号学中使用皮尔斯的模式，这是很有生产力的。

三、符号过程、环境界和所知的模塑，与基本符号类型的时间化

当模塑符号过程对符号进行分类，和对符号现象进行描述的时候，我们仅停留在理论之上，是远远不够的。当符号过程出现在生命领域中时，通过适当的田野工作和对生物交流的研究，去仔细地观察、描述它们，对它们进行分类，这是很有必要的。

直到现在，能够像克兰珀那样，讲许多不同的符号过程模式相互关联的著作很少，在经验基础上能对此加以发展的更少。符号过程的类型学是不能够仅仅通过演绎法来建立的。在对符号的描述上，二元性和三元性是源自于理论模型的逻辑假设，而不是来自于经验结果，看到这一点是至关重要的（在这个语境中，比如说，洛特曼在 20 世纪 60 年代至 80 年代晚期的著作，他对符号结构的看法从二元性发展到三元性，再到多元性的过程，是值得注意的）。

迪肯对皮尔斯模式进行了重要的改写，他向我们展示了，指示符号过程的机制如何总是包含着像似符号过程，而规约符号过程总是包含着其他两种符号过程，并将其和具体的神经生物过程相联系。这也就意味着，从像似符到指示符，再到规约符的运动可能具有本体的（以及伴随而来的系统发生学的）基础。在（生物）符号学的探索中，对符号类型的这种时间化是一种有效的启发。

艾柯在《康德与鸭嘴兽》中，也对初始的符号现象进行了分析。他引入了初级像似性（primary iconicity）和初级指示性（primary indexicality）的概念，

向我们展示了，像似符首先可以自己创造出相似关系的符号，即初级像似符并不是反映像似性，而是使事物变得像似，由此产生相似性。

这一看法和乌克斯库尔试图对不同物种的生命体的环境界进行描述是非常一致的。符号机制本身产生了环境界的多样性与多样化。乌克斯库尔也看到了对生命体的研究和生物学之间的巨大不同。我们可以这样说，符号学（包括生物符号学）与物理学（包括生物物理学）的根本不同在于，物理学研究是可以简化为宇宙法则的世界，而符号学研究的是所有类型的所知。生物物理学研究的是生命体的物理化学结构，而生物符号学研究的是生命体可能知道什么，它们所知的类型和方法是什么，以及它们如何对待这个世界。

在植物符号过程和（与像似符号过程、指示符号过程相类似的）动物符号过程中，生物符号过程的类型可能是不同的；但是，未来的研究不能局限于皮尔斯的符号类型划分上，或其他任何的符号类型划分上，而是要发展对意义产生机制的比较研究，并引入以经验为基础的类型学。这就意味着，在生命之中，符号过程的类别数量可能会和三层次符号过程（植物的、动物的、文化的）不同。

很有启发性的另一点是，将符号过程的类型和学习机制的类型相连接。除了其他方面的原因，这也使得我们可以将对形式和调节机制的研究纳入生物符号学这门科学。在这方面，对联想学习机制及其与指示性的符号门槛区域的关系的分析，就是一个有趣的例子。

四、规约性的符号门槛区域

人类和人类语言能力的起源，当然是个符号学问题。自从维果茨基（Lev Vygotsky）以来，这个问题就和使用、创造规约符的能力的出现有关。西比奥克对人类与非人类在符号使用上的巨大区别进行了反复、有力的论述，他宣称，"语言"一词应该仅用于人类的婴孩接近一岁时所使用的符号系统，在其他已知的生命体物种中，这种能力几乎是完全缺席的。由此我们可以说，语言仅仅是指那些包含了某些规约符（以及其他符号）的符号系统。

迪肯在他的《规约符的物种》（*The Symbolic Species*）中对这个观点进行了进一步的辩论，在神经机制的基础上描述了规约性的符号过程。

在符号机制之不同基础上，需要对从非语言符号系统到语言符号系统的飞跃进行详细的描述，这是显而易见的：第一，这种描述提供了一个基础，让我们通过语言中较低层次的符号过程的复杂作用，去理解语言和它所描述的对象之间的关系；第二，这种描述使我们有可能克服人文学科中对生物学模型的错误使用（塔里斯称其为达尔文主义者，或神经学癖）。

五、符号过程和符码之间的关系

在过去十年的生物符号学讨论中，这是一个很难解决的问题。简单地说，我的结论是：符号过程是先在于符码的，符码是符号过程的产物。但是，这一问题需要更为详尽地分析。

我们可以将符码定义为，在两个以自我装置为基础、不会形成固定的对应性的实体之间的，固定的对应性或联系。这是因为，有符码的地方，就会有形成可替代联系的无数多的可能。和自我装置不同的是，符码的产生和继承是需要行为的，即符码是由生命的符号过程所创造或继承的对应性或联系。

符码总是由符号过程生产的，尽管没有进一步的符号过程，它也可能延续一段时间，比如，在许多机器和机器人中就是如此。由此，符码可以离开符号过程而短暂地存在。

人们可以说，符码，以及和它相似的语法，是冻结的符用性和习性。这是人造物的一个普遍特征，它们被组合到一起，在其主体内部制造出符码关系。

符号过程就是可以制造出新的符码关系的过程。同时，符号过程也负载着已有的符码，对它们进行重建和传承。它总是包含着某些符码。由此，符号过程是不能够离开符码而存在的。符码是符号过程的必要而非充分条件。

符号过程总是要求有之前的符号过程（每个符号过程都起源于另一个符号过程，每个生命都起源于其他生命——除了在生命起源的时候，它们初次出现时，情况都是如此）。这种创造新符码的能力意味着，符号过程也是经验习得的一个单位。这就意味着，符号过程假定了某种含糊性、不确定性和不可预测性。

一个有生命的细胞就是一个符号过程系统。核蛋白体进行的翻译过程就是一个符码过程，但它只是符号过程的一部分。要建造符码关系，适应器（adaptor，巴比里称之为符码制造器，如基因符码中的转核糖核酸）是必需的，但它对符号过程而言，是不充分的。

意义的制造是符号过程的特征，而不是符码的特征，这种说法看来是有道理的。

当不止一种符码存在，并且符码彼此不相容时（即符码的多样性，或者说，至少符码的双重性是必需的条件），就有了意义的制造（和符号过程）。符号过程是一个因产生于不相容性的不可预测性或自由而出现的探求。这就暗示着初始的意向性。因此，作为不相容性的、不间断的符号过程的挑战，我们可以如此描述生命：它永远在解决问题。

在电脑中，或者说在简单的计算器中，也存在着内置的符码，但它们并不会创造新的符码，它本身是不会产生符号过程的。但是，被人类使用的计算器却是符号过程的一部分。我能想象，在更为先进的电脑中，可以引发相当于巴比里所说的、简单的符码制造的过程。但是，它仍然不是符号过程。然而，在更为先进的技术中，比方说，在独立行动和感知，并且试图在不一致的符码基础上彼此交流的机器人电脑中，可能会短暂地出现符号过程。

在较低的符号学门槛区域中，符号过程和非符号过程之间，当然存在着灰色地带。例如，迪肯说的自动细胞（auto-cell）就属于这一区域。

对这些重要概念进行改进，自然是我们的分内之事。

六、符号过程的进化

符号学的方法已经根本性地改变了我们对生物进化的理解。索绪尔所说的，形成符号的初始过程既是共时的，也是历时的，这对生物符号学而言也是有效的。对生物学而言，这意味着，解释现象时，我们需要注意到共时的（或者更广泛地说，个体发生的）机制，而历时的（进化的、系统发生的）过程可以被视为其结果。对于进化的生物理论而言，这将开启最为有趣的讨论。

关于进化的两种理论可以被简述为：其一，基因变化先在于表观遗传的变化；其二，在进化性、适应性的改变中，表观遗传的变化先在于基因的变化。

新达尔文主义的进化模式显然青睐前一种理论，即新的、随机的变异是首先发生的，它创造了一种新的显型；由于自然选择，这种新的显型或许能够，或许不能延续下来，作为基因型的分化再生。而进化的符号学模型则相反，它认为，首先发生的是显型上的变化，这包括基因组在表达模式上的使用变化，这种变化也许能够，也许不能被基因组的随机变化所加载。

很长一段时间内，在对适应进化的解释上，人们都认为新达尔文主义的模式是无可替代的。但是近十年间，因为发展式生物学取得的进步，这一状况有个显著的改变。

一个多少有些误导性的概念就是模因（meme），它往往会遮蔽符号学方法和物理方法之间的重要区别。这一概念的原有意义是，模因可以在自然选择机制的基础上进行再生和进化，它或许能够发生随机的变异，而模因的再生产中的不同决定了它们的进化。模因的再生是通过模仿来实现的，这就是问题的症结所在。达尔文和他的追随者认为，模仿可以被视为复制的模型。新达尔文主义的模式可以用于这种情形。但是，如果我们考虑到，模仿本身就是一个符号过程，它要求主体的存在，因此是由进行模仿的生命体所作出的选择而决定的，那么毫无疑问，进化机制是符号学式的，而非新达尔文主义式的。因此，模仿是生命体的选择，而不是一个驱动着模仿过程的自然选择。模因的概念是一个庸俗化的符号概念，因此它不仅是没有必要的，还是误导性的。我们应当使用的是符号的类型学，其中的某种像似符或许会和道金斯的模因概念相似。

因此，符号过程既包括了习性化中引入新符码时符号自由的减少，也包括了由于符码被丢弃或替代而出现新选择时符号自由的增加。认识到这一点是非常重要的。

七、模式化的工具

既然意义的产生在本质上，从一开始就是无法预测的，那么要将这一过程的结果模式化，演绎模式就是不适用的。

当两种或两种以上的、彼此不相容或是部分不相容的符码（或语言）进行互动时，就产生了符号过程。

符号过程假定了多义性。人工语言，包括数学语言，都和自然语言不同，是一元式的。多义性（同形或同音的异义）是产生意义（和自由）的源泉。从数学观点来看，符号过程包含了不相容性。在符号过程的模式中，洛特曼的模式清楚地描述了不相容性，或者说不可译性的基本作用。将不相容性纳入符号过程，这就使符号学模式和物理学模式（后者的绝佳代表就是数学）不同，因为符号过程模式假定了，它所描述的对象在逻辑上是不相容的。因此，要将符号过程或生命本身模式化，较之于人工语，自然语是更好的工具。

结语

当今的生物符号学（和广义符号学）的主要局限在于，符号过程模式的发展不够充分。大部分现有的模式都太简单和原始了，我们无法由此对符号类型进行区分；这些模式没有包括足够的必要特质，以分析生命符号过程的具体现象。为了将生物符号学作为理论和经验的研究领域来加以发展，进一步对符号模式进行详尽的阐述是至关重要的。

这就意味着，我们必须对以人类为中心的符号学中使用的模式加以更新，使其可以解释更低层次的符号过程的必然共存。唯其如此，才能恰当地展示出符号学的重大分水岭不是在文化和自然之间，而是在生命（和生命所产生的）与非生命之间，这种看法在何种程度上是成立的。

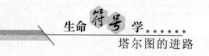

生物学能够成为一门科学，因为它不仅了解生命的化学反应，也了解生命体所生活的世界，它们的环境界中所辨别出的物，以及它们所制造的意义。

尝试着用符号学去恰当地描述这个美妙的生命世界所具有的、脆弱的多样性，并以此来取代人文学科的、虚假的生物学化，这也是很重要的。唯其如此，生命才能够享有这种多样性。

［Kull，Kalevi 2012. Advancements in biosemiotics：Where we are now in discovering the basic mechanisms of meaning-making. In：Rattasepp，Silver；Bennett，Tyler（eds.），*Gatherings in Biosemiotics*.（Tartu Semiotics Library 11.）Tartu：University of Tartu Press，11-24.］

梯形、树形、网形：生物学理解的各时代

卡莱维·库尔著　彭佳译

20 世纪的主要问题，就是现代性的终结。这也意味着自然科学的现代模式的终结，然而，这一点还没有得到充分的理解。现代时期始于 17 世纪，它尤其以实验科学的形成和笛卡尔、培根的哲学为特征，因此，它也会被任何取代实验科学，追求技术进步、革新和笛卡尔主义的努力所取代——如约翰·迪利所说的，取代它的这种努力可以是符号学。有些分析已经指出，许多被称为后现代的观念其实更像是晚期现代性的，或是异质现代性的，这就意味着，我们所看到的是现代时期的延伸。对现代主义科学来说尤其如此，它表现出了巨大的波动和极端的形式。然而，这并不是科学的完全终结，而是我们从现代性所了解的科学的终结。

物理学，即使是 20 世纪的物理学，也无法对意义和符号过程进行研究。这是因为，要想察觉到意义，意义工具必须是有生命的。而问题就在于，使用生命体而不是标尺来进行的研究，是否还能被称为物理学呢？当然，它更像是生物学，但它更像是生物学的一个特别分支：生物符号学。就像埃玛齐（Claus Emmeche）所说的，它是一种经验性的生物学，而非实验性的生物学。

在本文中，我不是要将科学的终结作为现代主义者的创造，对其进行分析。然而，因为现代科学的结束在知识的每个领域里都有所反映，我们也无法避免这个主题。但本文仅限于生物学知识，试图理解生物学的符号学转向的意义，或者说将生物符号学的发展作为生物学理论基础即生物学理解之重大变化的方法。

现代时期是革命相继而来的时代。生物学从先成说（preformism）发展为 19 世纪 30 年代的实验胚胎学（epigenetics），再到 20 世纪 30 年代的现代进化综论（modern synthesis），它们成为对过去几个世纪的生物学理解的重大转折点。但是，不再将生物学视为自然科学，而是作为意义的科学，这一转折的深刻性，较之于至少是林奈（Carl Linnaeus）以来的生物学历史中的任何其他转折毫不逊色。

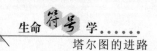

说到生物学的转折，或是生物学理解中的重大变化，对于这一点，对于转折本身，我们有几种不同的研究方法。至少，在生物学的符号学转折中，有三个方面需要区别开来。也就是说，生物学的符号学转折可以被解释为：

1. 进入生物学理解的历史发展的下一个阶段或时期，比如，从现代进入后现代。

2. 符号学界限的位置变化——从人类文化的边界扩展到生物学的生命；由此，生命就是符号过程，生物学成为符号学的一部分。

3. 生物学理论基础的变化：在解释生命现象时，用符号学模式取代了生物模式。

我们将会通过生物学思维深层模式的典型变化，尤其是网形模式对树形模式的取代，对这一转折的几个方面进行简短的描述。

一、梯形、树形和网形

当我们对任何一个时期的生物学概念或对科学（包括人文科学）的其他领域，甚至是对生物学话语本身的影响进行解释时，必须了解该时期话语的范式认同。比如，生物学对语言学的影响就有几种不同的类别。一方面，哈莱施尔（August Scheleicher）的著作将达尔文的多样化模式运用于语言进化；另一方面，也有雅柯布森及布拉格学派，他们用贝尔和贝尔格（Lev Berg）的著作中的概念形成了自己对形式主义语言学的观点。

迈尔（E. Mayr）指出，尽管有的科学历史学家对不同的时期进行了区分，认为每个时期都有单独的主导范式或是认知体系，或者说研究传统，但是"这种解释并不适合生物学的情况"[①]。事实上，对于概念史或思想史，不可能存在任何最终的、最好的时期划分，而是有着几种不同的、彼此重叠的时期划分。科学争论可以是以不同的基本模式或比喻之间的关系为特征的。这是因为，任何模式都是被放置在同时代的其他模式之中的，它们之间的对话会创造出意义，并表现出对任何被提出的模式的认同。

在比喻中，在使用某个领域的知识解释时，存在着一些非常稳定、基本的模式，即原型模式。我们在这里要对其进行描述和分析。

基本的比喻形成了行列和对立。这就意味着，在范式变化（如梯形/树形/

---

① Ernst Mayr. *The Growth of Biological Thought*: *Diversity*, *Evolution*, *and Inheritance*. 1982, Cambridge: The Belknap Press of Harvard University Press, p. 113.

网形，或先成说/实验胚胎学）中，一些比喻取代了另一些。有着同列的比喻，也有着成对的比喻，还有似乎代表着永恒对立的比喻（如整体论/还原论，或随机变异演化/机械必然演化）。

洛夫乔伊（Author Lovejoy）详细地描述了在梯形深层模式，即自然阶梯（scala naturae）基础上的早期生物学知识，以及启蒙时期取代它的另一个复杂模式。由此，在生物学历史上，曾出现过相应地代表三种主要范式的基本比喻或模式：

1. 自然阶梯，或者梯形，链状模式：这是一个非时间性的模式，表示在一个整体中，生物有着不同的等级和复杂性，但是是完整的、丰富的和非进化的。

2. 树形，不断分支和生长的树状模式：这一生物学模型是和启蒙时期所认为的、自然可能是不完整的看法相应的，因此有着朝向完美的进化，是一种进步。① 这是达尔文和赫尔克观点的核心，这种观点认为生长和分叉是基础的过程，竞争是进步的动力；在分类上，它是和等级体系相对应的。

3. 网形，或者网状，组织模式：它似乎是和这样一个生态学观点一起出现的，即认为每一种生物在生态系统的基本循环中，或是在强调相互关联性的生物域和符号域的概念中，都起着（共生的）作用；时间更像是周期式的，辨认和解释成了节点的重要特征，而分类模式是非等级式的。

18世纪从梯形模式到树形模式的变化，不仅只是将梯形时间化了，而且包括了很多其他东西。事实上，基本的概念可能是（假定是）伏尔泰式的观点，即认为自然是可以被改善的。② 倘若如此，它就指向了选择，即道路上的分叉点。这样的分支结构，使得为了分类而使用的等级性的、分支的形式代替了单线的梯状，可能它本身并没有假设任何时间性的动力。但是，将树的形式运用于任何事实，就意味着不对称的再现和对"主干"的认同以及分支，这就为时间性的解释提供了绝佳的条件。然而，第一次用分支模式来广泛地再现生命体的系统——也就是林奈的研究——并没有暗示时间性的解释。但这种解释很快就由拉马克（J. B. Lamarck）提出来了。

鲁斯（M. Ruse）试图追溯对树形范式的早期使用，他认为，将树状图

---

① 如卡西尔所说，"也许没有其他哪个时期像启蒙时期那样，完全沉浸在智力进步的概念之中。"

② 根据赫兰（Patrick Heelan）的看法，现代性的一个特征就是个体的主体能够权威性地给事物加上一套秩序，这可以追溯到路德那里。

作为对生命体体系的再现而经常性地使用，这种做法不会早于 19 世纪的头一二十年。① 人们也发现了，比如说，贝尔于 1827 年所画的，个体发生类型的树形图。自海克尔（E. Haeckel）以来，树形范式被广泛地用于系统发生学的再现。

树形模式把生长和顺序上的分支作为固有的特征。这种成倍的增长是从树木的结构而来的结果。而且，树形模式自然地导致了一个问题：对所有的分支上的后代而言，空间是不够的，因此就有了竞争和生存的概念。由此，达尔文的通过生存斗争的进化和自然选择的观念，很明显是树形模式的自然后果。达尔文的作用仅仅是为这种模式举出例子，从而为进化式的解释提供图解。

树形模式使得研究者们为了辨认出"主干"的位置，要对研究特征的来源进行探寻。它也让人想到持续的进步，以及为了可获取的资源而无休止的斗争。

当然，树形模式扩展到了很多领域。它和进化式的方法几乎被运用于所有的科学，可以看到很多对它有趣的移植使用，比如在语言学中就是如此。

大部分的 20 世纪生物学课本都是完全建立在树形模式基础上的，因此，我们很难看到这种模式的替代物。但是，网形模式提供了另一种选择。

网形模式主要是通过两种方法引入的。其一，是一个生态系统中生命体之间的食物网络的概念。其二，是在一个地区人口或一个社会群体中的交流过程的再现。也就是说，这两种方法是生态学和符号学的方法，自 20 世纪 60 年代以来，它们开始用网形模式取代树形模式，这个过程值得我们注意。

当代生物学广泛地使用着网形模式，包括细胞生物学（"新陈代谢网络"）、生态学（"食物网"、"生命网"）和进化生物学（如"生命的交缠网络"）。但是，达尔文根本没有使用"网络"（network）一词，在《物种起源》中，"网"（web）这个词只出现了两次。

该词第一次出现是在达尔文谈到"整个自然中动植物的复杂关系"的那一章里："我想要举出更多的例子，来展示尽管植物和动物在自然界中距离遥远，却是由复杂的关系网联系在一起的。随后，我将会展示，我花园里的外来物种半边莲，由于它独特的结构，它上面从来没有任何昆虫，因此，它从没结过果实。"② 达尔文接下来举了本地植物的例子，它们有着传粉昆虫，传粉往往是

---

① 当然，树的像似符出现得早得多，比如在基督教中就常常使用；但是，早期的用法主要涉及的是它诸如连接、交叉、持久等特性，而不是层级性和生长性。

② Charles Darwin. *The Origin of Species by Means of Natural Selection*, *or the Preservation of Favoured Races in the Struggle for Life*. 〔6th ed.〕1872, London: John Murray, p. 59.

强制性的。

"网"这个词第二次出现，是在分类的那一章里："很可能，我们永远不能解开一个阶层的成员之间的亲缘关系这一密不可分之网……"①

有趣的是，在达尔文的文本中，这是对"网"这个词在功能或关系意义上仅有的两处用法。在其他地方，这个词都指的是结构意义上的，比方说对蜘蛛网的描述。

和树木不同，网（似乎）是没有起源的。因为网代表着多源性，而不是树的单源性。网的结点代表着相遇的点，它不仅是分支，也是辨认、共存和合作关系，而非竞争。网形是交流网络的模式，而不那么强调继承的支配性。

生物符号学家西比奥克强调了网这一比喻的重要性："网在必然的相互关系上，在它的无机补充物、蜘蛛所结的、干了的线构成的框架上，连接了蜘蛛的有机世界。网暗示着无脊椎动物和脊椎动物的相互关系的生命；它描述了中心、轮辐和边缘的互动；它照亮了悬置和减弱之间的辩证关系，并且引发了许多进一步的对比和对立。"② 托尔·乌克斯库尔将生命体的身体描述为符号过程之网。

当对基于二元和三元关系的逻辑进行比较时，霍夫梅耶指出了一个简单的特点：只有三元关系才允许网络的建立。他以此作为皮尔斯的方法可以运用于生物学的论证。

如果网形模式可以被等同于和符号学方法相关的模式，那么约翰·迪利的分析也可以用于生物学。迪利认为，后现代时期通过对符号的符号学理解取代了现代时期，这种理解是由皮尔斯和乌克斯库尔的著作所给予的。

在生物学历史上，对这三种基本模式或比喻（梯形、树形、网形）的讨论，和关于自然系统观念的两种可选择的解释相重叠：它是真实的、实在的，还是可能的、理想化的。不过，它们的研究程式在对起源的研究上有所不同：一种要求对系谱进行重建，另一种则致力于对普遍法则的推演。

在生物学中，还有其他几种广泛流传的深层模式，但是，显而易见，它们的重要性较之于上述三种模式有所不及。

梯形、树形和网形的时期划分，标志着 18 世纪 60 年代和 20 世纪 60 年代

---

① Charles Darwin. *The Origin of Species by Means of Natural Selection*, *or the Preservation of Favoured Races in the Struggle for Life*. [6th ed.] 1872, London: John Murray, p. 333.

② Thomas Sebeok. "Semiotics as bridge between humanities and sciences". In Paul Perron; Leonard G. Sbrocchi; Paul Colilli; Marcel Danesi (eds.), *Semiotics and Information Sciences*. Ottawa: Legas Press, p. 76.

的重要地位；与之不同的，是以动力模式，即历史/发展/进化为基础的时期划分，以及 19 世纪 30 年代和 20 世纪 30 年代的转折点。它标志着，在生物学上，从 1830 年左右建立胚胎学起，到 20 世纪 30 年代的现代进化综论，发展式的观点占据了主流。如迈尔所说，直到 20 世纪 30 年代，达尔文的进化观才取得胜利。从更大的视阈来看，在生物学的历史上，有着先成说和实验胚胎学交替发展的时期。贝尔在 1827 年至 1837 年间的著作被认为战胜了长期以来的先成说，但他对实验胚胎学的强调又被现代模式的先成说所取代，即 20 世纪 30 年代以来的基因决定主义。

二、作为符号过程的生命

在 1986 年于意大利召开的细胞传播和免疫系统符号学大会上，艾柯参与了发言。他试图探求可以区分外来者和自我的细胞反应符号过程的特征，但对这种说法仍然保持着犹豫。他是这样结束他的谈话的："你应该能理解，这样的问题关注的是精神和物质、文化和自然之界限的重大问题。我就在这里结束吧。我感到惶恐。"①

艾柯在他的《符号学理论》一文中，提出了"符号边界"（semiotic threshold）的概念，它是符号世界与非符号世界的边界。在边界的一边，是意义的宇宙；而另一边，则是"立体化学"——或者是分子之间的空间对应性，或者是物理力量的平衡与不平衡，但它们都不是"代替某物"的物。

符号学的边界在哪里？它是否存在？这些问题引起了不止一场的争论。

根据艾柯在《符号学理论》中的清楚论述，"翻译"作为一个被基因学家用于描述核酸和蛋白质之间关系的术语，只是一个概念转换、一个比喻，它并不关注这个过程自身的本质。换言之，在艾柯看来，符号学的边界在文化的边界之上。

动物符号学的奠基者西比奥克，在这一点上不同意艾柯的看法。西比奥克争论说，在所有的生命过程中都存在符号过程，因此，符号学的边界是在生命的边界之上。

符号总是和符码相连的。符码是无法从一般的物理法则中推导出的对应性。以这样一个事实为例：绿灯允许通行，而不是红灯或黄灯，这无论如何与光的普遍

---

① Umberto Eco. "On semiotics and immunology". In Eli E. Sercarz; Franco Celada; Avrion Michison; Tomio Tada（eds.）, *The Semiotics of Cellular Communication in the Immune System*. 1988, Berlin; Springer, p. 15.

法则无关。交通灯的规则是局部的，它们在历史中得以固定，是受文化限制的。

按照西比奥克的方法，我们就会注意到，在生物学或任何描述生命和生命体现象的领域内，都没有普遍法则。生物学法则和物理法则不同，它不是普遍性的，而是包括了例外。这是因为，生物学的法则是符码的再现，抑或是因为，它们本身就是符码。

因此，从符号学边界的视角而言，看到 DNA 和 RNA 的一致性，以及 RNA 和蛋白质的一致性这两者之间的区别，是很重要的。前者是一个符码，而后者不是。鸟苷是由于立体化学的原因而适应胞苷的，这通过计算就可以预测，其间没有代码。相反，在蛋白质中的核苷酸三联体与氮之间的关系不是根据立体化学，而是根据序列建立的，通过运输 RNA 链和转氨酶的固定次序，这些序列创造了基因符码。基因序列是无法从物理的普遍法则推导出来的。

根据这一方法，符号过程是和生命一起出现的，这也就意味着，除了基因符码以外，在每个细胞中已经有许多符码。由此，基因符码不是一个比喻：它是真正的符码。在生命出现之前，是不存在符码的。

艾柯在讨论基因符码的概念时，他没有注意到上述区别，即一个细胞中的转录和翻译的区别。当他在《康德和鸭嘴兽》中回到这一论题上时，他问道："淋巴细胞是如何具有分辨正常的和感染了的巨噬细胞的能力的？"[①] 接着，他打算谈到细胞层面上的"初级像似性"。然而，他还是没有将其和"初级像似性"，即沙滩上的石头的痕迹进行区分。

由此，人们可以区分作为生物学现象的辨认和作为物理现象的互动。辨认和互动不同，是建立在记忆的基础上的，即它是通过被记住的关系来指涉某物的。就这个意义而言，我们或许可以说，酶是辨认发生的最简单的系统。酶不仅可以通过它们的结构，还可以通过习惯，通过之前塑造了它的互动，来适应它们的作用物。

生命过程是一个无尽的自我翻译。也就是说，在这个依靠符码的过程中，它和无限的符号过程是一样的。

将符号边界从文化与自然的界限移至生命和非生命的界限，这花费了一些时间来研究。首先，是西比奥克用动物符号学对此进行论证，直到很久之后，极有可能是受了乌克斯库尔的影响，他才得出了生命与符号过程共存的论点。

死去的和活着的生物之间的差别，可能并不比作为（有语言的）人类和作

---

① Umberto Eco. *Kant and the Platypus*: *Essays on Language and Cognition*. 2000 [1997], San Diego: A Harvest Book, Harcourt, p. 108.

为（其他）动物之间的差别要大。这将意味着，我们可以在两种情况下谈到符号学边界。甚至，或许还有第三种符号学边界：植物和动物符号系统之间的符号学边界。

是什么对不同的符号系统进行了精确的区分呢？这将是一个符号模塑的话题。

三、符号模塑

在 20 世纪 60 年代晚期、70 年代早期，由贝塔朗菲（L. v. Bertalanffy）等人发起的"系统普遍论"达到了顶峰，此时，对生物学理论基础的追寻，使得几位生物学家产生了将符号学原则用于生物学的想法。其中，至少有四位重要的生物学家值得一提，他们是：威丁顿（C. H. Waddington），他宣称应当从一般语言学引入一般生物学的范式；西比奥克，他发展了分析动物交流的符号学模式；罗斯切尔德（F. S. Rothshild），他阐述了生物符号学的首要原则；雅柯布森（R. Jakobson），他用语言学的术语来解释了基因现象。

从那时起，生物符号学就开始慢慢地发展起来。人们发现了这门学科的先驱们，乌克斯库尔就是其中之一。到了 90 年代，第一所生物符号学研究机构得以建立，并且，生物符号学成为大学里的一门学科。一系列的书籍得以出版，几本期刊也都发行了以它为主题的特辑。哥本哈根和塔尔图的生物符号学研究群体所建立的年会"生物符号学会议"（Gatherings in Semiotics）得以定期举行。

尽管在过去的一二十年间，生命的符号学理论得到了迅速的发展，但它仍然处于形成时期。得到清楚解释、被运用于生物学的符号学模式有一些，但并不多。

就如艾柯所说的，"对模式的特征的了解必须比对对象的特征的了解更清楚"①，否则模式的用处就不大。物理学的模式几乎总是比其他的研究更为复杂。而在生物学中，大多数情况并非如此。

只有在表面的方法中，对生物学而言，符号学模式才会显得过于简单。对符号学模式的描述都很简短，但它所包含的非直接信息可以是相当多的。

最近，埃玛齐简要地对生物符号学理论的现状进行了总结。由此，请容我

---

① Umberto Eco. "On semiotics and immunology". In Eli E. Sercarz；Franco Celada；Avrion Michison；Tomio Tada（eds.），*The Semiotics of Cellular Communication in the Immune System*. 1988，Berlin：Springer，p. 14—15.

在此列举一些将来工作可能要面临的任务。因为在未来的几十年中，对可运用于生物学的符号学模式的发展，是一个很重要的任务。

1. 生物学上的物，如生命体、物种，是由于交流而成为一体的系统。它们不是自然的分类，就如语言学上的物（如句子和音素）不是自然分类一样，它们是作为交流结构和自然范畴而存在的。使它们得以形成的过程普遍和使感知范畴形成的过程是相似的。

2. 生物物种是由于双亲繁殖而产生的，它们和生命体的辨认视域（recognition window）的宽度相关。物种的辨认概念和物种的生命符号学模式是很接近的。

3. 对于任何交流系统而言，离散（离散单元的形成）都是一个普遍的特征。最可能的是，在多细胞的生命体中，不同的组织和组织类型的形成是同样的普遍现象的例子。然而，有交流过程创造的生物学单元的普遍类型还有待建立。

4. 意义交流要求至少有两种符码，以及参与方的不对称性。作为交流普遍结果的多样化和稳定性，可以作为生物多样性理论的基础。

5. 生物需求就是将天生的不稳定性和行为方式或范畴相联系的符码。由此，生物符号学为对生物需求的理论研究提供了方法。

6 对生物交流的符号学分类应该进一步细化，尤其应该包含植物和动物（即非语言的和非命题的）符号系统，也就是没有语言或叙述而发挥作用的符号系统的理论。因此，尽管有许多关于生物交流的优秀调查，这一领域的理论还处于不成熟的阶段。

7. 在和鲍德温尼安的理论相似的机制的基础上，对基因组的细胞解释的变化可能会作为进化的一个因素而出现。

如同安德森（Myrdene Anderson）所说的："通过对交流这一自我实现的非决定性的、开放过程的关注，生物符号学超越了普通的科学。"①

(Kull, Kalevi. Ladder, tree, web: The ages of biological understanding. *Sign Systems Studies* 31.2, 2003, 589—603.)

---

① Myrdene Anderson，"Rothschild's ouroborus" 2003，*Sign Systems Studies* 31 (1)，p. 298.

生命是多重的，而符号在本质上是复数：
生物符号学的方法论

卡莱维·库尔著　彭佳译

生物学是对生命系统和生命过程的研究。和所有科学一样，它的任务在于，使它的领域中隐性的一切，即在日常生活现实之外的方面显现出来：比如，秩序规则、建构的组分、运动的力量、改变的意图等。科学研究发展出了许多不同的工具和方法来完成这一任务，使不可见的显形。使用不同的工具箱，比方说，是使用人文科学还是自然科学的工具箱，就意味着不同的进路和描述方式。因为使用的工具不同，生物学研究也是有差别的。例如，使用物理方法或工具的就是生物物理学，使用符号学方法或工具的，则是生物符号学。

现象现实、物理现实和符号现实

要研究生命系统，就必须要辨别出对象——一个生命的体系，生命的过程。这种识别，可能是源于任何日常生活中的、专业的谈话，或者常识中所谓"共识域"（consensual domain）里，被梅图拉纳（Humberto Maturana）称为"生命系统"的物。科学研究必然会使用这种现象上的常识：它是科学家之间交流的一部分，是我们所感知到的；科学家在他/她的环境界中的取向，是以这种现象学的、日常生活的知识为基础的。但是，科学并不仅止于此，它还能够对并非直接可见的物进行研究。要对任何不可见的物进行描述，就意味着要对所有不属于共识域或日常生活现实（现象学现实）的物进行描述，即要对属于另一个领域或现实的物进行描述。这些另外的现实可以是物理现实（宇宙），或者说符号现实（某种意义上的多重宇宙）。它们之所以能够被称为不同的现实，是因为只有通过不同学术进路所提供的工具（理论、实验、模型、科学翻译和对话等），才能获取它们。

在物理现实的领域中，我们才能独立地对生命系统的概念加以定义，也就是对它提出科学性的定义，而不能仅仅使用一个日常生活现实中的概念。这是因为，用日常生活语言的一般实践所做出的识别，在物理学中是不充分的：物理宇宙的基本特征是独立于对它的解释存在的。这和这一看法一致：世界上被物理学描述的一切，或者说在物理现实中的一切，都遵循普遍的物理法则，从无例外。

生物物理学的研究也能够划定生命系统的界限，或者是限定它的突出特征。生物物理学将生命系统定义为，包括了一种特殊类型的自我催化过程，即以符码为基础的再生产系统。然而，以符码为基础的再生产，恰恰就是同样的翻译过程，这就意味着，生命是一个翻译过程。[①] 实际上，这就意味着，生命是取决于它（自身）的翻译的，这一点不仅仅为生命研究在物理现实方面提供了一个完美的论点。

生物符号学的研究显示出，生命系统就是能够区分和选择的系统。既然符码是不同世界中的对应性[②]，而符号过程是对符码的实现，我们就必然会得出这样的结论：符号学的现实是多重宇宙，它包含了多个世界，而符号学的现实则是多重现实。因为以符码为基础的关系得以建立和运转，符号过程的要素是"代表着另一物"的（这是皮尔斯的理解）。因此，生物符号学的人物，就是展示出生命中的，尤其是其他生命体的、无形的世界，即环境界中的多样性、意义和范畴。

符号现实的主要特征是，其中的所有对象都是多重的、复数的。显而易见，从意义的本质可以推出，意义对象也不是单一的，而是同时关系着其他物的。符号就是一个不能被简化为自身的对象。符号总是关系性的。

物理学方法的意义在于，让物理现实的知识成为可能。物理现实不是我们在日常生活行为中看到的、感觉到的、辨认出来的。它是一个量性的宇宙，无法被生命体直接看见和触摸。只有一些生命体，也就是受过教育的人类，才能（在它的不变性中）辨认出物理现实，通过自然科学的实验方法或理论方法，

---

① 参见切巴诺夫［Sergi Chebanov，"Biology and humanitarian culture：The problem of interpretation in bio-hermeneutics and in the hermeneutics of biology"．In：Kull，Kalevi；Tiivel，Toomas (eds.)，*Lectures in Theoretical Biology：The Second Stage*．1993，Tallinn：Estonian Academy of Sciences，p. 242］："作为翻译过程的生命"。翻译的概念也可以在同样的、普遍的意义上被使用："翻译过程编辑整个生命世界，也就是宏大的生物域。"（Susan Petrilli，*Signifying and Understanding：Reading the Works of Victoria Welby and the Signific Movement*．2009，Berlin：De Gruyter Mouton，p. 553）

② 参见巴比里对符码的定义："符码可以被定义为，在两个独立的世界之间建立起对应性的一套规则。"（Marcello Barbieri，*The Organic Codes：The Birth of Semantic Biology*．2001，Ancona：Pequod，p. 89）从这个意义而言，是符码使得生命不可简化，就像波兰尼（Michael Polanyi）所说的那样。

通过建构物理（数学的、量性的）模型做到这一点，并且将这些模型当作对物理现实的再现来使用。因此，只有人类才能通过语言能力，对物理现实进行再现。对物理现实的发现和描述，在很大意义上来说，是现代科学的一大成就。

与之相似的是，符号学方法的意义在于，让符号现实的知识成为可能。符号现实不是我们可以在日常生活的行为中完全见到的、感觉到的、辨认出来的。符号现实是质性的多种宇宙，生命体无法直接看到。只有一些生命体，也就是受过教育的人类，才能辨认出符号现实（和所有对象的多重性），通过符号学的方法，即通过建构出符号学的（逻辑的、质性的）模型做到这一点，并且将这些模型当作对符号现实的再现来使用。因此，只有人类才能通过语言能力，对符号现实进行再现。

存在的现实，是和物理现实、符号现实都有所区别的。它是行为和感知的现实，或者说个体或共有的环境界，所有生命体都可以通过某种方式来获得。它是被给予的，由于它可以感知，因此并不需要科学的建构。但是，为了对其进行解释，必须建构补充性的、物理和符号的现实。

有一个例子可以用来解释这些现实之间的区别：这就是边界。常识所说的日常生活现实，其边界是我们可以指出的。在物理现实中，边界本身是不存在的；但是，如果要以数学方法来重新定义边界，我们也可以在物理现实中探测到边界。在符号现实中，边界是每个人画出的、不同的边界，但它被认定为相同的。因此，任何符号边界都是多重的区分，由此形成了边界的范畴。

世界只有一个，这对物理现实来说是正确的。环境界的现实是符号现实，是由符号过程创造出来的。因为翻译过程不可能是单独的，交流性的互动总是包含了一种以上的符码，作为环境界现实的符号现实也是复数的。符号过程将现实多重化了。在最深刻的意义上，符号过程可以被定义为任何将现实多重化的过程。

符号对象 vs. 物理对象

符号对象是仅仅由于处理几种意义而独立存在的对象。意义的多重性创造了它，符号的物就同时关联着其他的物。①

符号对象的佳例，就是意义模糊的图像。比如，德尔－皮瑞德（Sandro Del－Prete）的著名画作《海豚，爱的信使》（"Message d'Amour des

---

① 只要物没有意义，即只要它不是一个符号，所有的物都可以是单数的。

Daupins"）。见到这幅画的成年人首先会觉得，这幅画画的是两个裸体的人。但对孩子来说，画上画的是海豚。而在一只海豚看来，它可能两者都不代表——它画的是一个瓶子。对受过教育的人来说，它意味着所有这些事物，甚至更多（包括"爱的信息"、物质或是模糊性，等等）。

然而，这幅画到底画的是什么呢？

对物理现实而言，画的表面是颜料的某种空间分布，其中没有任何的模糊性。在给定的时刻、光线和温度中，这幅画只有一种分子分布。它不具有多种模式，而只有一种同质的分子材料。在物理学上，这幅"画"就是一个物。[①]但是它并不是一幅画，而是一种物质的模式。

对符号现实而言，这幅画上有许多同时存在的，可以相互替代的事物。这幅画代表的可能对象是无尽的。在符号学上，这幅画就是多重的。一旦被当作一幅画，它就可以被视为许多幅画。

符号对象不可能是静止的，因为，如果它们一旦被当作静止的，就会马上失去符号性的本质，即它们的意义性、模糊性，它们在符号过程中的转变，以及它们的复数性。

任何在翻译中的对象，都是符号对象。当代的生物符号学观点认为，翻译是在生命过程开始时就已经开始了的。

物理对象是被科学当作"动态结构"来建构的，它被想象为以一种特定的、单一的方式，存在于某个时刻。[②] 物理对象可能会有不同的再现或模式，但人们认为对象本身是单一的。

与之相反，符号对象不是以任何单一的方式存在的。它们的本质就是，同时存在于几种方式（"至少是两种方式"[③]）中。[④] 一旦把它们视为单一的，我们就将其转化为了物理对象。

如果我们用时间或空间中连续的形式去描述自然的多样性，并关注其结构上的不同，我们往往会接近一种物理学的世界观，它通常是一元论的。如果我们要将二元对立运用在一切观点上，就会产生无法和二元论相区分的危险。但是，如果我们指的是一系列的符号门槛，使用一个对质性差别更为细密的分类

① 除非我们开始测量它，并且对它进行一系列的描述——因为测量过程就是符号过程。
② 在这个意义上，它也包含了量子物理学的对象。
③ 洛特曼曾用这样的表达来描述符号系统。
④ "任何由尽可能多的符号再现的物，都是作出不同解释的基础"。［Thomas L. Short, "Life among the legisigns". In: Deely, John; Williams, Brooke; Kruse, Felicia E. (eds.), *Frontiers in Semiotics*. 1986, Bloomington: Indiana University Press, p. 106]

法，我们就可能会进入符号学方法的领域，即多元的领域中。①

我们可以对一幅画做出物理的和符号的描述；与之相似的是，任何生命系统和生命过程都能用这两种方法来看待。

在研究对象的层面上，生理学和物理学之间的区别，由于埃尔赛（Walter Elsasser）、罗森（Robert Rosen）、帕蒂等人的研究，已经一步步地趋近了符号学。在这里，我们走的是同样的道路，采取了生物符号学的立场。

生物符号学认为，生命系统的本质正是在于它们的模糊性和多重性。② 我们可以将认知对象作为符号学对象的一个好例子。这就包括了所有的感知范围，或者说，包括了乌克斯库尔说的感知符号（Merkzeichen）和行为符号（Wirkzeichen）。但它还包括了大量更为复杂的认知对象，如觉醒和梦境等。

符号对象的广义类别可以被称为范畴：感知范畴就是其中之一。范畴是由于翻译或符号过程而出现的区分过程的结果。范畴作为符号对象的佳例，就是将生物物种作为自我定义的交流系统。③

符号学模式

符号对象的主要特征是，它们的差别和规则是无法从自然的物理化学法则中推出的，是无法用普遍的演绎模式推出的。相反，它们的差别必须通过仔细的比较性分析，通过特定的分类来发现。比如，语言的字母表或词汇就不能通过自然的物理法则而推导出来，单词之间的差别只能在对语言的比较性研究中得出。

对物理系统进行科学描述和分析的方法论，已经发展得很完善了。它的基础是，假定了自然的普遍法则的存在。这些法则是非语境性的，即它们是独立于地方、时间和情景的。如果自然法则在时间或空间中改变了，那么，就有更

---

① 梅里尔在 2006 年 9 月 28 日致作者的信中写道："大部分学者都相信，皮尔斯是一个多元主义者，但我真的不认为我们可以将他的符号理论认为是多元主义者的理论：因为最终解释项，绝对的真理，总是会从我们这里逃逸的，是我们所有的符号构成了多元论的布景。"

② 参见切巴诺夫对"作为混合对象的生命"的观点。 [Sergi Chebanov, "Biology and humanitarian culture: The problem of interpretation in bio–hermeneutics and in the hermeneutics of biology". In: Kull, Kalevi; Tiivel, Toomas (eds.), *Lectures in Theoretical Biology: The Second Stage*. 1993, Tallinn: Estonian Academy of Sciences, p. 255]

③ 物种的符号学概念见 Kalevi Kull, "Evolution and semiotics". In: Sebeok, Thomas A.; Umiker–Sebeok, Jean (eds.), *Biosemiotics: SemioticWeb* 1991. 1992, Berlin: Mouton de Gruyter, pp. 221–233.

为普遍的、非语境性的法则，以精确的方式来描述这种依赖关系。

在生命系统中，除了自然法则之外，还有局部的、暂时的规则性，它们是无法从自然法则中推导而来的。这些规则性包括了习性、物种、符码和语言。它们被描述为各种规则和有机的、文化的结构，普遍是交流的产物。与自然法则及其派生的结构不同，有机的、文化的规则性从来不是普遍性的，其中总是有例外，会出错，会随着时间而改变。然而，它们肯定不是和自然法则相抵触的，自然法则只是不能以可预测的方式来决定规则性；相反，它们在无穷的多样性中为这些规则性提供了存在的可能。

符号学探索的结果应该是什么？它和物理描述或物理模型有什么区别呢？

首先，它的结果是进行分类。经典生物学就像符号学一样，为符号学的分类提供了许多佳例。它的方法在很大程度上借鉴了理查德·欧文（Richard Owen）的介绍，将同族关系和类似性的类型作为比较研究的基本工具。

但是，由此而来的符号学分类必须是语境性的。这就意味着，任何符号学分类都是相对的、关系性的，在某种程度上是模糊的。没有什么绝对的特征可以用来描述某些物种。一个物种是在和外部的、和其他相似物种的关系中，以及内部的、相互承认的个体中得以建立的。

其次，符号学描述是一套互补性的描述。波尔（Niels Bohr）强调了互补性在描述中的作用，但是，他没有对物理现实和符号现实作出清楚的区分，而只有后者才需要互补性。物理学可以不需要互补性而存在，[①] 而符号学则不能。

再次，符号学模型必须基于几种不能彼此转化的（具有不可公度性的）质性，基于质性上的不同。因此，符号学模式的基础不是量性的，而是质性的。

当然，我们可能会在物理模型和模式化中找到许多符号学的特征。这明显是因为，科学，包括物理学，它们的工作的一部分都包括了解释。但是，符号学就是解释之解释，它的工作也是如此，因此，在对象层面中，本身就包括了解释过程的基本特征，这使得符号学在看待世界的方法上和物理学有所不同。

尽管物理现实和符号现实不同，在科学领域内，我们可以游移在这两者之间。当对象的多样性内置在一个物中，或者生命体死去，或者我们从质性的描述转向了测量时，我们就能够从符号学到达物理学。反过来，如果我们将一切都当作是有意义的物来进行描述，或者说仅仅用质性的描述，或者从非生命体中得到有生命的物体时，我们就从物理学到达了符号学。这种关系显然是不对称的，后一个方向比前一个方向要困难得多。但是，这当然是可能的：我们可

---

① 除非物理学的整体目标不再是对测量过程进行描述。

以在物理学家的方法基础上，来描述宇宙的某一领域中解释活动的出现条件，此时，立刻就会出现解释之解释和对象的多重性。比如，复杂理论（theory of complexity）就在这方面做出了尝试。因此，我们可以把符号学看作是源于物理学中的特殊情况，但反过来，也可以把物理学视为符号学的退变。①

对符号学方法的评价

如伊万诺夫（Vyacheslav V. Ivanov）在塔尔图－莫斯科学派形成之初就指出的，"对所有相关的人文学科而言，我们可以自信地说，符号学方法起到的基本作用可以表述为：它的重要性就像是数学对自然科学的重要性一样"②。

对符号学研究或分析方法的已有描述，尽管不那么常见，但它们或多或少是有所区别的，由不同的符号学派做出的描述是有很大差异的。

维卡瓦拉（Tommi Vehkavaara）强调，在当今的生物符号学研究中，对方法的说明可能是一个核心问题。而且他认为，在生物符号学的发展中，对方法论问题的研究可能是最关键的。

生物符号学在很多方面和符号学的经典领域，如文化符号学，有所不同。对非人类的生命体中的，或生命体内部的符号过程进行研究，或许不会用到太多人文学科或社会学科的传统方法，这就是它们在方法上的主要区别。而且，生物符号学经常是用与人文学科方法相对立的自然科学方法来研究生命系统。

罗斯切尔德（Friedrich S. Rothschild）是第一个使用"生物符号学"这一术语的，他在1962年的文章里强调了，由于方法不同，生物符号学和生物物理学有所区别："当我们将非生命物质的化学和物理方法运用于对生命创造的物质结构和过程之研究时，这就是生物物理学和生物化学。与之相似的，我们可以用到生物符号学这个术语。它意味着，使用语言符号学模式的理论和方法，研究的是传达与语言类似的意义的生命交流过程。"③

罗森（Robert Rosen）在研究对于生命过程的充足方法论时，他的出发点

① 从哲学视角而言，这种状况可以被称为"局部的多重性"。（见 Kalevi Kull, "The importance of semiotics to University: Semiosis makes the world locally plural". In: Deely, John; Sbrocchi, LeonardG. (eds.), *Semiotics 2008: Specialization, Semiosis, Semiotics*. 2009, Ottawa: Legas, pp.494–514.）

② Vyacheslav Vsevolodovich Ivanov, "The science of semiotics". 1978 [1962], *New Literary History 9 (2): pp.199–204.

③ Friedrich Salomon Rothschild, " Laws of symbolic mediation in the dynamics of self and personality". 1962, *Annals of New York Academy of Sciences* 96: p.777.

是运用了和物理方法论相对的进路。罗森将拟态（mimesis）作为对还原主义方法的替代选择。

托尔·乌克斯库尔在评论乌克斯库尔所发展的环境界研究时，指出了这一方法的特别性。他写道："环境界研究的进路，旨在重构具有创造力的自然的'创造过程'，它可以被描述为'参与性的观察'（participatory observation），如果我们能把'参与'和'观察'定义得更加清晰的话。"①

他认为，观察可以被概况如下："观察意味着，首先要确定由观察者在他的经验世界中所指认出的符号，也会被被观察的生物体所接收。这就要求我们对被考虑到的生命体的感觉器官（接收器）进行仔细的分析。之后，就有可能观察到生命体是如何对它接收到的符号进行解码的。"②

参与则可以被概况为："因此，参与就是对重新建构另一个生命体的环境界（'周围世界'）的表意，或者说，在确定了生命体能够接收的符号，以及它用于翻译的符码之后，对行为活动中出现的解码过程的共享。"③

要获得符号系统的知识，必须以符号过程自身为基础，即以交流和对话为基础。用这种方式，科学家能取得的、关于另一生命体的世界的知识，就是可以经过翻译或对话而获得的知识。④

因此，生物符号学包含了解释学，必须使用解释学的方法。但是，这种解释学，即生物解释学，没法使用太多海德格尔和伽达默尔著作中的方法，它最多可以运用其中一些好的想法，因为他们的研究严格地局限于使用语言的生命体的世界，而符号学－解释学的生物学研究，必须要能够处理非语言的普遍符号系统之间的翻译。

基本上，符号学是非量性的科学，因此，它广泛、系统地使用了质性研究的方法，其中包括了参与性的观察、现象描述、个案研究、结构分析、自然主义等。但是，在生物符号学的研究中，几乎还没有社会科学所使用的质性方法。

有人试图建立所谓的"质性物理学"。质性物理学并不意味着要宣称物理现实就是质性的。它有一个坚实的基础，即认为物理现实是可共量的、有规则的。然而，要传达这一知识，要教授物理学，就需要使用语言，这就需要质性

---

① Thure von Uexküll. "Introduction: The sign theory of Jakob von Uexküll". 1992, *Semiotica* 89 (4), p. 281.

② Ibid.

③ Ibid.

④ 关于种际交流中的翻译概念，见 Kalevi Kull; Peeter Torop. "Biotranslation: Translation between umwelten". In Petrilli, Susan (ed.), *Translation*. 2003, Amsterdam: Rodopi, pp. 315—328.

物理学（或者说物理教学中的符号学）。

什么是生物符号学的条件？它的特征又是什么？

符号过程可以被视为选择的普遍机制①，而符号学的一般目的，就在于研究生命体中的选择是如何做出的。因此，符号学研究可能会包括两个基本的方面。

第一，符号学对生命系统在（内部和外部的）交流过程中形成的或者正在形成的结构、类别、习性和符码提供了描述。

第二，符号学将习性的互动，或者说行为选择的过程模式化了。

第一个方面意味着，使用结构主义的、索绪尔符号的，或者说普遍性的方法。第二个方面则意味着使用具体性的方法。

当我在这里使用"科学的"一词时，它包括了普遍性和具体性的研究。因此，从这个意义上来说，人文科学也是科学，或者用德语来说，科学精神（Geistwissenschaften）也是科学（Wissenschaft）。这两个方面都是科学，不过类型不同。

生物符号学的一个必要条件是，将生命体的活动，或者说主体性，作为真正的、可描述的对象纳入研究范畴。这种对主体性的纳入，是根据符号过程而做出的。符号过程本身就是主体性的机制，是选择机制。

我们几乎无法获取一个单独的符号过程。但是，对科学研究而言，单独的文本、单个生命体和文化，都是可以获得的。这里，具体的科学研究就显示出了局限。

因此，生命系统是多重现实，或者说是多样现实的，符号学应该有可能考虑到生命系统的这种主要本质。物理方法将世界上的一切都描述为单一现实的，包括生命体也是如此。将生命体作为多样现实来描述，就意味着预设了符号学的描述。

作为拓展了的生物学，生物符号学能够研究生命体主体性的生物学，它不会将自然科学的方法拒之门外，但也不可能局限于此。

因此，符号学方法就意味着，生物学家可以使用的工具箱得到了扩充和丰富。

［Kull, Kalevi 2011. Life is many, and sign is essentially plural：On the methodology of biosemiotics. In：Emmeche, Claus；Kull, Kalevi（eds.），*Towards a Semiotic Biology*：*Life is the Action of Signs*. London：Imperial College Press，113-129.］

---

① 我使用这一定义，是为了显示出，符号学事实上为选择现象提供普遍的理解，并且强调物理模式之决定论的根本区别。习性的形成和做出选择，这两者之间有着明显的联系，这就为它们在定义上相互替代提供了可能。

生命体的时间计划：
乌克斯库尔对生命构成的探索

瑞因·马格纳斯著　彭佳译

　　1973 年，现代进化综论的建立者之一、乌克兰的进化生物学家多布然斯基（Theodosius Dobzhansky）发表了一篇题为《除了进化论之外，生物学没有什么是有意义的》（"Nothing in biology makes sense except in the light of evolution"）的科普文章。这篇文章的题目很快成为一句名言，它总结了过去 150 年间所有影响重大的生物科学范式。但是，除了通过新达尔文主义和现代综合论取得的、对进化观念的解释和实证肯定之外，总还有一小部分科学家对进化观念的一元论持有怀疑的想法。

　　达尔文主义与欧洲的生命科学之间的冲突可以说是 19 世纪末最强劲的科学对抗。尤其是在德国，海克尔对达尔文作出的误导性的再阐释颇为畅销，这种对抗引起了一阵怀疑和谨慎之风。同样，在塔尔图大学从事学术研究的学者在 1880 年之前大部分都是德国人；当任命某人担任自然科学的学术职务时，是否为达尔文主义者这一因素往往起决定作用。对那时所描述的进化机制和由此得出的意识形态结论进行争论的科学家们，成了进化思想运动本身的主要敌人或发起者。他们中的少数人并不否定进化论，但却以引起人们注意以下的事实为目的：太过武断地坚持选择机制，可能导致在某一特定时候将注意力转移到其他的生命本质特征上。

　　认为进化观点不能充分解释生命法则的学者之一，是爱沙尼亚裔的波罗的海–德国血统的生物学家乌克斯库尔。在介绍歌德和康德的自然哲学之结合的同时，乌氏提出了这样的假设：生命过程是协调的、有计划的。每个种类和有机体都有其自身的感知和个体发育的时间以及空间计划；它们之间的相互影响形成了自然过程的普遍性计划。他将感知空间计划本身划分为视觉空间（依照例如分辨率、眼睛的视角、区分形状和颜色的能力等）、触觉空间（依照触觉受体的数量）以及操作空间（与身体的协调和运动系统有关）。大致上，不同物种的感知时间计划，是根据一个"时刻"（即在这段时间里，注意不到任何的运动）而变化的。个体的时间和空间，注定要和平均的生命时间、不同生命阶段的长度以及生命体相应的形态组织在一起。因此，乌氏的某些著作，能够使生物所蕴含的、除了演化时间之外的其他类型的时间的重要性得到复苏。

多布然斯基的论文与库尔理念的契合以如下形式呈现："除非从既定计划（Planmassigkeit）而言，否则生物学中没有什么是有意义的。"将既定计划这个词换作自组织或自调节，它可能会成为一个现代的术语，但只有当这些术语将"动物主体"的概念作为以主动的、意义的方式和环境联系起来的经验主体时才会如此。在这里，"时间计划"（time-plan）这一术语，能够被用来总结所有乌克斯库尔所描述的、自然的普遍"章法"框架中的时间过程。

乌克斯库尔的时间理念与他的当代哲学之间的关系

乌克斯库尔显然不是一个时间哲学家，或者说，至少他不能被称为是和与他同时代的海德格尔、柏格森以及胡塞尔一样的时间哲学家。与这些发表了大量与时间论题相关著作的哲学家不同的是，对乌克斯库尔而言，时间问题本身并不是他的兴趣所在。实际上，几乎没有任何抽象的概念本身能够让他感兴趣，除非它们能够被转化为特有的概念，来解释生物的感知和行为。虽然乌氏在时间概念上的主要理论贡献与上述哲学家的主要论著相一致，他自身的论著却几乎未提及其他几位哲学家的观点。他仅仅只涉及了柏格森的"绵延"（dureé）① 概念，但更多的是将其作为一个参照点，而非一个重要的理论平台。

反过来，乌氏与时间现象感知有关的理论，一直没有引起他同时代的哲学家的注意，其原因可能在于，他在人类时间感知这一普遍意义上的完美哲学客体上，所花的精力是很有限的。虽然海德格尔在其《形而上学导论》中讨论过乌氏的环境界理论，但在其最重要的时间哲学论著《存在与时间》中却从未提及乌氏的理论。同样，20 世纪 50 年代末，梅洛庞蒂在法兰西大学的演讲上，提了乌氏的环境界理论以及动物主体性的问题，但他关注的只是其最重要的现象学论著《感知现象学》的"暂存性"（"Temporality"）一章中，有关人类对时间的认知和感知的讨论。柏格森和胡塞尔② 在他们的任何著作中都未提及乌氏的理论。这些哲学家著作中重复出现的主题（区分过去、现在和未来的条

---

① 柏格森用他的"绵延"概念来描述个体对时间的感知，这种感知不能以客观化的外在时间的计量方式来分割为单独的可测量单元。乌克斯库尔用其来表示直觉时间和智力时间之间的差异。

② 虽然正如弗洛里安（Florian Mildenberger）从胡塞尔的私人图书馆里发现的那样，自 1931 年起胡塞尔至少阅读了一篇乌克斯库尔的论文。

件和特性、在三层时间轴上相互之间的时刻顺序；同时理解所有时间的可能性等)，在乌氏对时间的思考中从未出现过。

对于时间的思考，乌氏的灵感主要来源是冯·贝尔（Karl Ernst von Baer）和康德。他的时间理念是在发生生物学和感觉生物学，以及上述两位哲学家影响的共同领域中展开的：贝尔提供了胚胎发育的原则（虽然也部分地涉及他对于时刻感知的讨论）；康德提供了思维方面的原则（涉及库尔的感知观点）。在接下来的部分，我们将在乌克斯库尔认同的哲学家所运用的领域的基础之上，讨论时间概念本身是如何拥有两层含义的。

个体发生学：发生的时间以及存在的时间

虽然乌克斯库尔本人的实验性著作从未包含对胚胎学的实证研究，然而，对他来说，20世纪初对胚胎发育基本原则的热烈讨论，在理论上和实证上都具有吸引力。他对生命体发育途径的讨论，最有修辞意味也是最为清楚地表达了他对交响乐性的、以计划为基础的自然结构的哲学态度。

生命体的个体发生时间可以分为形成时间和存在时间。形成时间等同于功能器官发育所需的时间，存在时间则包含器官获得它们的最终形态、并准备好投入使用的时间。虽然形成时间或发育时间能够相应地被划分为成型时间和进一步生长的时间，但前两种时间才是乌克斯库尔对生物形成过程的描述的核心所在。至少，对哺乳动物而言等同于胚胎形成的形成时间，被他描述为生命体的技术阶段；等同于后胚胎阶段的存在时间，被描述为机械阶段。在运用这些比喻之前，乌克斯库尔用了"形成计划"（*Entstehungsplan*）和"执行计划"（*Leistungsplan*）这两个术语来区分一个动物的主体性的环境界和内部世界。

作为生命体的形态学—生理学时间的两个时期，技术阶段和机械阶段的特征在于以下几点：

第一，技术阶段假定了一个线性的、不可逆的时间流，将生命体的完全形成作为其终点。相反，机械阶段以一系列重复和循环的时间概念为基础。一旦形成，所有的器官，一方面因为解剖学上的限制，另一方面因为对特定环境条件的适应，而被严格限制在它们的活动之中。通过习惯所产生的重复行为会代替之前发展期的新奇事件。生命体的和谐调整以及由习惯所形成的环境，导致了感知和行动的协调一致［被乌克斯库尔称为"功能圈"（*Funktionskreis*）］。这样理想的主体和其环境界留下了极小的习惯和调整的变化空间，并且被解释

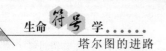
为现代生物学的疑点，而适应性在其中则被认为是进化的精髓。①

第二，技术阶段和机械阶段以特定的目标指向和自我指涉的行为为特征。在技术阶段的发展进程之中，其最终状态是前瞻性的，也就是说，整个生命体已经形成了。机械阶段的生命体更是一个维持的实体——在这里，正常的生活活动的维持是其目的。

第三，技术阶段以生命体的内在时间为基础——一个特定器官的发展所需要的时间独立于生命体外的状况。另一方面，机械阶段的终结主要依赖于环境的推动。乌克斯库尔用"持续"（*Dauer*）和"时间跨度"（*Zeitspanne/Zeitlange*）这两个术语在两者之间划分界限。"技术阶段属于未来，并且有持续性；机械阶段属于存在并且在一个时间跨度中持续。"②

同他使用的其他音乐性或戏剧性比喻（自然的交响乐或旋律）相比，乌克斯库尔用来描述不同动物的时间的术语明显地"技术化"③。乌克斯库尔的思想倾向于贝尔和歌德，因此他用"旋律"这一术语来描述生命过程，弗雷德里克斯·坦菲尔德（Frederik Stjernfelt）将其解释为："旋律……清楚地表达了一个生命体结构同'此时此刻'的物理现象的分离，并且暗示了一个已经从第一个音调预见最后一个的技术循环。"④ 自相矛盾的是，同样的解释适用于库尔的技术阶段和机械阶段，前者的行动通常以"记住"后者的功用来作为结果。

和机器的比较能够揭开生物进程的某些方面——甚至能够讲述一半的故事——然而讲述一半的故事常常只是误导性的。因此，乌氏在他的一篇文章中承认，一旦我们看一看功能器官（*Wirkorgane*）或动物生命中的机械阶段，我们就能找出它们与机器及其环境过程中的惊人相似处。然而，当我们把其他的基本部分，如感知器官（*Merkorgane*）以及技术阶段的发展包括进来时，这种比较就会失效。同理，"动物—机器"的概念解释了更为简单的动物（海星、水母、海胆）的最原始的反应只是部分可靠。

---

① 乌克斯库尔本人用训练导盲犬给盲人带路的方式来质疑过这种结论。在教会导盲犬意识到周围的实物对盲人的重要性的过程中，改变狗的环境界中物体之意义的可能性是一个关键的假设。

② "Die technische Periode gehört dem Werden an und hat Dauer, die mechanische Periode gehört dem Sein und währt eine Zeitlang" Jacob von Uexkull, "*Theoretische Biologie*", Frankfurt a. M.：Suhrkamp Taschenbuch Wissenschaft. Uexküll, Jakob von；Brock，Friedrich 1935. Vorschläge zu einer subjektbezogenen Nomenklatur in der Biologie. *Zeitschrift für die gesamte Naturwissenschaft* 1973，1 (1/2)，p. 88.

③ 其他非艺术化的比喻如库尔用来描述生命的以计划为基础的结构从水晶建筑，延伸到房屋，再到自动的建构。

④ Frederik Stjernfelt，"A natural symphony？To what extent is Uexküll's *Bedeutungslehre* actual for the semiotics of our time"，*Semiotica*，2001134 (1/4)，p. 88.

　　有两个可能的原因使得这样的技术比喻进入了乌克斯库尔其他方面的艺术化哲学：形而上学的原因与文化历史的原因的结合。"作为机器的生命体"这样的比喻在 16 世纪和 17 世纪的生理学研究中达到了顶峰，其影响力仅仅只限于生物学领域，并未实质性地触及譬如胚胎学等主题（胚胎模式坚持到了 19 世纪末期）。由于起源于生理学研究，所有的这些类比都触及生命体功能运作的问题，同时又忽视了其起源的问题。根据克里斯蒂安·科契（Kristian Köchy）在"生命的机械模式"中所揭示的性能那样——独立运动、规则性、功能性的目的性、组织性、部分结构和功能的同时运作、合理的透明度——所有这些特征运作成了最后的结构。从上述所有机器和生命体共享的性能来看，"按照计划"（*Planhaftigkeit*）对乌克斯库尔来说最为重要。通过交换外部创造的机械部分同内部的器官之目的行为的因果联系，他将机器的构造所扮演的角色归因于生命体的形成以及器官的活动。

　　在解释生物学比喻的文化背景时，乌克斯库尔经指出，大多数的英美学者都运用与人工制品有关的比喻，然而德国人更喜欢将其与无机的自然界相类比〔例如，布提希里（Bütschli）的喷泉比喻、赫姆霍兹（Helmholtz）的蜡烛－火焰比喻〕。令人吃惊的是在他自己的某些类比当中，乌克斯库尔似乎宁愿跟随英美学者的道路，虽然他没有办法将自己同这些传统相认同。

　　如果我们将与他同时代学者的关于胚胎发育原则的、两个对立面中所持的立场区别开来，就会看到，这两个立场即是实验胚胎学①，也就是指生命体的最终形式依赖于不同发展过程的共同影响；以及"先成说"，也就是假设这个生命体即使是在其最基本的发展单元（即受精卵）里都是预先成形并预先决定的——而乌克斯库尔跟随的是第一种思路。贝尔是乌克斯库尔对胚胎形成的论述的主要思想来源，除此之外，汉斯·德里希（Hans Driesch）和汉斯·斯佩曼（Hans Spemann）这两个在 20 世纪初的先成说的代表学者，也在他的思想来源中扮演了重要的角色。

　　实验胚胎学家和先成说学家之间的争辩可以追溯到生物学思想的早期。由于 19 世纪末期实验法和观察法的重大发展，早期的哲学争论从威廉·鲁（Wilhelm Roux）、奥古斯特·魏斯曼（August Weismann）、奥斯卡·赫特维希（Oscar Hertwig）以及汉斯·德里希那里获得了经验主义的特征。然而，其中的哲学蕴意被保存在实验数据的解释当中，并且在乌克斯库尔对他同时代的胚

---

①　注意"先成说"这一术语同现代的遗传学术语的意义相比，其在生物和历史语境中有着相当不一样的意义。

胎学研究的评论中揭示出来。

感知时间：时刻之后的时刻

感知生物学的研究是乌克斯库尔的科学研究生涯的主要生物研究领域。他对生命体个体发育时间的反思，揭示了他对自然的某些形而上学的立场。在他对动物感知时间的研究中能够发现强烈的符号学观点。这在他对生理学过程、形态结构以及环境目标这三者之间的一致性的观点中有所表达，并且仅仅通过感知符号（*Merkzeichen*）和操作符号（*Wirkzeichen*）的调和来得以实现。

乌克斯库尔认为，所有生命体的感知时间和空间都是由最小的时间单位（*Momenten*）和空间单位（*Orten*）构成的。然而，这两个术语在他的著作中带有相当超越常规的意义，仅仅涉及动物的解剖生理学特性和由特定的解剖学所引起的在外部世界的形成。

地点的解剖学等量是视网膜点或者是视网膜的视觉单元（也就是椎体细胞和杆体细胞）能够引发定点符号。定点符号则是两个物质现实——生理的和环境的——之间的介质。视觉单元的数量决定地点的数量同时，也决定视觉的清晰度。同样的场景由苍蝇的眼睛和人的眼睛所形成的图像是不同的，犹如由一个低分辨率相机和一个高分辨率相机所成像的图片的差别一样——视觉单元数量少得出的就是低分辨率的图像，因此，所得到的图像也就比拥有更高频率的视觉单元的眼睛所产生的图像更为粗糙。

"时刻"是指当世界静止不动时的时间，在其中世界的动力丧失给了"在场"的无所不在。正如他对本体论时间的反思一样，乌克斯库尔对感知时间的观点和贝尔的相同观点有着某些联系。当讨论最小时间单元的词源学时，贝尔考虑到了身体最初的认知和反应以及特定的时间概念的来源。"《罗马书》中称最小的时间跨度为'动量'［（*momentum*）或（*punctum temporis*)］；'*punctum*'的意思是'刺'，'*punctum temporis*'有可能指的是观看一次刺穿所需要的时间；'动量'一词起源于动词'*movere*'，即是'移动'之义。'刺穿'过后的'痉挛'可能就是指的那层意义。"①

---

① "Die Römer nannten das kleinste Zeitmass *momentum*, oder auch *punctum temporis*. Punctum heisst ein Stich, *punctum temporis* ist vielleicht die Zeit, welche ich brauche, um einen Stich zu empfinden; das Wort *momentum* leitet man ab vom Zeitworte *movere*, bewegen. Man hat damit wahrscheinlich die Zuckung im Sinne gehabt, die auf einen plötzlichen Stich folgt" (Karl Ernst von Baer, *Welche Auffassung der Lebendigen Natur ist die richtige?* 1992 [1862], Tartu: Tartu ülikooli kirjastus, p. 22.).

在此种解释中的感知和行动的分离，适合乌克斯库尔自身的感知世界（*Merkwelt*）和实际行为世界（*Wirkwelt*）之间的分离，而这两者共同形成了动物的种类特异的环境界。因此，时刻仅仅是感知世界的形成部分；对感知世界而言，依靠特定肌肉的收缩时间的其他时间测量方法处在运用当中。

正如部位符号作为生命体之外的地点同生命体视觉元素（*Sehelementen*）之间的介质一样，时刻符号（*Momentzeichen*）是发动一个时间跨度到生命体外部所发生的过程的途径，但同视觉元素和外部地点之间的协调不同的是，在"时刻"当中并没有与之相对应的特定感知元素。库尔在汉堡的环境界研究机构的同事格哈德·布雷歇尔（Gerhard Brecher）区分了三种类型的人类时刻——听觉、视觉、触觉。但由于它们的持续时间一样（1/18 秒），它们不能依靠受体的特定器官。布雷歇尔总结道，一个"时刻"是我们神经系统的性能（正如我们的神经节细胞不能够在每个时间单元内接收超过一定数量的刺激作为单个的刺激物一样）。

时间合并了生命体内部和外部的进程，将它们捆绑为相同的时刻，来保障外界事件和内在感知的同时发生。因此，时间并不区分身体和环境，如同空间一样。在这里，乌克斯库尔谈及康德和他的"统觉"概念，声称创造自我统一体的统觉拥有一个时刻符号，而并非部位符号。

对乌氏而言，时刻的概念并不仅仅是一个理论概念——当记录对运动的感知时，同一个地点的主观性能的联系有助于测量特定物种对时间的感知。[①] 同样的时间跨度（*Zeitspanne*）包含不同种类的环境界中不同数量的时刻。和我们相比，在一个时间跨度内拥有更多数量时刻的生命体，它们的感知世界过得更慢，而那些更少的（比如蜗牛的时刻就好像是其伸出触角时）觉得过得更快。

乌克斯库尔将时刻视为感知时间的初始单位这一观念，同样展示了他的个体发生的时间概念和感知时间概念之间的显著区别。在个体发育时，器官的发育已经"记住"了它们在未来的功能。以"时刻"为形式的感知时间并不包含任何"现在"或在场的其他维度。在这里时间并未被认为是一个连接一个的、静止的、普适性的感知连接介质。由于时刻的持续性，它在不同种类中的可变性仅仅只能通过一个物种间的比较分析来得到。

的确，对这样的动物时间感知的一般性而言，存在着一些问题，然而，这

---

① 除布雷歇尔之外，贝纽克也做了关于动物时刻的实验，也就是暹罗斗鱼（*Betta splendens*）的实验。

种分析的价值在于：事实上，它在提供探知时间感知的多样性的实验方法的同时，也保持了其对定量特征背后的、定性的感知差异的哲学设想的明确性。

时间计划的三个层次计划之间的联系

为了强调生命体和环境之间关系的亲密性，乌克斯库尔并没有运用词汇改写，而是谈到了调整（*Einpassung*）。他区分了三个层次的调整：第一，调整生命体和器官；第二，调整身体和环境界；第三，调整不同的环境界。接下来，我将通过在这三层调整的框架中，通过对它们的组织和解释，来总结他对时间计划的中心结论。

第一，对生命体器官的调整论证了，同生理现象相比，接下来将在哪里发生什么能够从以前发生过的来推断，生命常常包含即将发生的事情对先前的影响。因此，最终的功能决定了形态的发展（机械阶段决定了技术阶段）。器官形成的预期特性在于，它们发展成了一个特定的形态，仿佛已经考虑到了动物需要什么来维持自身。器官怎样发展由动物的需要所决定，这一点甚至能够在某些更简单的动物的例子上直接观察到。这些动物不仅运用已经存在的器官，并且在它们的生命过程中逐渐根据自身的需要来建构器官。草履虫和变形阿米巴就是很好的例子，当一定数量的食物进入身体时，它们就形成食物泡。其他的例子是海绵动物的各种各样的原始细胞，能够在需要时承担其功能。

第二个结论适合这样的层面：当一个生命体的计划般的调整以及它的环境界处于问题之中时，时间计划对生命体来说是固有的，它服从于主体并且根据特定物种的时间安排而展开。在每个主体中时间组织的方式依赖于其感知性能和能力，如同物种特性的发展限制和可能性一样。这能够在乌克斯库尔的表述中得到最好的阐释："如果我们认为一个动物的环境界在特定时刻是一个循环，那么我们就能将每个接下来的时刻加入进去成为一个新的环境界循环。"①

正如每个物种都拥有一套特定的和固定的感官来决定外界物体作为自己成员的形式那样，对不同的生命行为，它也拥有一个特定的时间，就如生命本身

---

① "Wenn man die Umwelt eines Tieres in einem bestimmten Moment als Kreis darstellt, so kann man jeden darauffolgenden Moment als einen neuen Umweltkreis hinzufügen. Auf diese Weise erhielte man eine Röhre, die der Länge des Lebens dieses Tieres entspräche" (Jacob von Uexkull, "*Theoretische Biologie*", Frankfurt a. M.: Suhrkamp Taschenbuch Wissenschaft. Uexküll, Jakob von; Brock, Friedrich 1935. Vorschläge zu einer subjektbezogenen Nomenklatur in der Biologie. *Zeitschrift für die gesamte Naturwissenschaft* 1973, 1 (1/2), p. 108).

的长度一样。如同环境界的渠道似乎和个体捆绑在一起一般，很难想象它如何适用于集体的生命体（比如珊瑚），或者譬如那些自身的生长和生命时间都严格地同最普通的环境条件相捆绑的、模块化的植物，以及那些死亡并不意味着个体丧失，而是对将来的繁殖产生限制的生命体。

从另一个方面来看，我们能够找到，在各种不同特定物种的环境界中，循环的生命体有着相当简单的组织的例子。对某些经历变形的昆虫、两栖动物和甲壳动物来说，新的生命时期和活动与其形态上的变化相一致。因此，从技术阶段向机械阶段的转移，在生命体的一生中会发生数次。在乌氏所举的对原生动物间日疟原虫，即生活周期包括至少连续四种不同形态的一种疟原虫的例子上，从发展阶段到功能阶段的多方面转移阐述得很充分，它的四种变形都依赖于发展的阶段和地点。在这样的微观原生动物的生命循环当中，技术阶段和机械阶段是交替的，一个阶段常常为将要出现的另一个阶段作准备。原生动物以一种被称为孢子虫的形态，进入蚊子的唾液腺来开始生命。接下来，它就通过蚊子咬人，转移进入了人的血液，从而进入肝脏组织；它以那样的形态存活一段时间，然后开始分裂为更小的裂体性孢子，其活性让组织分解。裂体性孢子进入人体的红细胞，并在那里繁殖，其中的一些裂体性孢子开始形成性的形态（微观和宏观的配子），以进入蚊子的肠腔，又开始新的一轮循环。

乌克斯库尔时间概念的第三个结论，演示了不同生命体之间时间计划的相互作用：生命世界由不同的生命时间构成，每个都通过它们自身的特定时间线来展开。这是可以被视作第一个结论的生态学结论。因为所有的生命体都是根据它们自己物种的时间来生存，所以，如果我们将整个物种间和物种内的时间网络考虑在内，就能够得出时间的几乎无穷尽的多样性。同样的，一个特定的生命体的时间计划中的干扰，也带来了与之相关的其他物种的时间计划的变化。收缩一个蜗牛的"时刻"的持续，将让其注意到以前不能探测到的物体。通过改变昆虫传播类植物的开花期，可以推测它同昆虫活动之间的互相进化时间的转变。

技术时间和有机时间计划

今天的生物科技，似乎需要处理有机时间的矛盾概念。一方面，生物科技同生命体一起，是由自然的或进化的时间所引起的。另一方面，进化的反复试验这种固有特征，在将科学和人类时间引入生命体时被否定。因此，技术时间①是进化时间的过去现实，和通过同样的进化过程的产物来缩短这个时间的可能性之间的平衡。似乎自然选择是一个有效的，但仅作为其自我存在方式来进行自我限制的工具。

技术时间，人类存在的基本部分之一，它通过多样化的现象来呈现，从日常工具开始，并以转基因的生命体结束。这样人为的技术时间意味着，它们首先是以压缩和节省其他时间类型为目的——在转基因生物的进化方面，或者是由工具所保证的生存的时间需要方面即如此。人类所有活动的技术时间的存在意味着，它决定了如何使对人类来说的自然时间，可以不以和其他动物相同的方式完成。一个生命时间的速度和节奏明显依赖于生存方式，因而同文化和个体的语境和选择联系在一起。同样，人类的平均寿命是当下人们的社会和经济的环境界的体现，同样也在一个很广的范围内变化，从日本的 82.7 岁到中非共和国的 45.9 岁（数据来源于 2005 年—2010 年，World Population Prospects：The 2010 Revision）。②

在人类时间的不确定性背景当中，很容易对所有其他的生命做出同样的假定。乌克斯库尔的时间计划观点告诫我们谨防掉入这样的同形同性论的错误。通过展示不同生命体的主观时间如何对自然界的生物多样性起核心作用，上述有关所有生命体的主观时间计划的观点能够丰富生物伦理学的讨论和自然保育的哲学。这样的主观时间至少在三个层面上引导多样性：进化、生态、感知。

强调不同进化和生态时间的现实将证实，"太快"和"太慢"的物种的范畴是客观的范畴，其测量标准由所有现有的环境条件所设定，由并不属于这些物种中的人类所设定。考虑在进化时间和生态时间刻度上"太慢"和"太快"的范畴，这能够丰富对基因工程的生物伦理学讨论，以及对异质物种的介绍的讨论。在第二种讨论中，有可能打开一些新的观点，比如，在关于某事物是否彻底可能或不可能（跨越自然边界的不可能性，同"它们在有些时候能够这样"——比如气候的原因——这种观点对立）这两个相对的主张之中似乎无价值地来回摇摆。正如前所述，从生态的观点来看，时间计划的概念同样也解释了，各个生命体的时间是如何根据其他相关生命体的时间来协调的。改变一个物种生命时期的长度，肯定会影响既定的适应性。

---

① "技术时间"在此文中被用作一个术语来表示牵涉到技术手段（那些可能是传输或交流等方式）的任意、暂时的组织。

② http://esa.un.org/wpp/Excel-Data/mortality.htm.

从感知方面而言，时间计划能够被综合来解释经验的主观性特征，同生命体的大脑意识状态密不可分。人类世界的时间计划给未来保证一个特定的顺序和安全，而这种未来计划以一种未知性的生产者的形式出现。在人类世界和其他动物世界，错误的时间计划都是压力的来源。这两种世界中的幸福健康，都只有在所有过程都如期进行的情况下才能得到保障。被迫完全适应其他的时间计划，而被剥夺自身对未来事件计划的选择，是一种对主体性的剥夺。因此，对动物权利的讨论应该也包括，除人类之外的其他生物主体是否有自己时间计划的权利这一问题。

结　论

我用"时间计划"这个术语来解释乌克斯库尔理论中的、有关自然的普适性时间计划的部分，其中，偶发突变或因果决定都没有形成生物世界的核心，而对其起决定作用的核心是，不同生命体之间以及生命体和环境之间的有意义的关系。当讨论一个生命体的生命时间时，乌氏将其分为技术阶段或形成期，以及机械阶段或功能期。通过扩展康德的观点，乌氏又加上了时间作为一个感知范畴这一点。动物的感知器官和神经系统，以及它们所诱发的时间认知已经被如此调和，以致动物能够认知，并且对对其生命起重要作用的客体做出反应。虽然在形成时期的生命体并不拥有完全形成的感知器官，细胞分化以及细胞对每个其他信号的回应的运作，这就好像是正在发育的生命体感知到它将成为什么。乌克斯库尔比较了解这些同一旋律的计划基础上的发展，并且讨论了能够保证恰当的发育途径的发展规则。

人类技术利用了在人类诞生之前很早就存在的时间的产品（发展的和进化的形态）。现代生物科技在与塑造了人类和自然过程所形成的基质共同作用，而人类现在是一个能够引导自然过程之选择途径的渠道。与此背景相悖的是，乌克斯库尔的观点引起了这样的注意：科技本身只是一个环境界的一部分，而这个环境界同许多其他的环境界同时并存，与此同时，在普遍性的、长期的生物多样性中，主体的时间计划多样性的保存扮演了重要的作用。

[Magnus, Riin 2011. Time－plans of the organisms: Jakob von Uexküll's exploration into the temporal constitution of living beings. *Sign Systems Studies* 39 (2/4): 37－57.]

生物拟态的符号学阐释

蒂莫·马伦著　汤黎译

　　自然界有许多引人注目并充满悖论的相似，比如像叶子一样的尺蛾科蝴蝶，以及像细枝条一样的毛毛虫，像黄蜂一样的眉兰属种的兰花，同时，蛇、鱼、昆虫和植物之间也有着难以数计的跨物种相似性，这就让拟态成为自然科学中最迷人的主题。除了涉及拟态之原因和进化的学术争论，如贝茨（Henry Walter Bates）、华莱士（Alfred Russell Wallace）以及达尔文的著作外，拟态现象也激发了艺术和文学创作，如阿尔伯特·H·泰勒（Abbott H. Thayer）和纳博科夫的作品。在古老的文本中，也能发现对动物间模仿的评论：譬如，在《动物志》（*Historia Animalium*）第二部中，亚里士多德提到了变色龙变色的能力（Historia AnimaliumE4r，E4v），并描述了舌头和脖子的运动与蛇类似的啄木鸟。而符号学家对拟态的现象抱着相当矛盾的立场。虽然有几位学者写过有关拟态的著作，但其注意力普遍局限于，认识到拟态是一个符号学现象或者将其用作自然界中特殊符号进程的阐释实例。本文的目的在于，要阐释清楚对拟态的不同符号学观点，并指出符号学方法如何能够丰富对拟态的一般生物学理解。为了达到这些目的，本文将涉及与符号学和生物学都相关的文献。

　　现有对拟态的研究结合了不同的参与者（通常是种类列举），及其具有的某些功能（保护、繁殖、觅食等）。对一个或多个这样的参与者而言，它（或它们）采用了一些生态学的关联（共生、捕食、寄生）、交流渠道（视觉、听觉、嗅觉）、信息（眼状斑点、嘶叫声、信息素等），以及针对其他某个特定拟态出现的功能。从理论上来说，这种多样性并不易覆盖，因而，对拟态的生物学定义常常聚焦于诸如针对捕食者的自我保护、提高拟态者的适应性等方面，或者，最为极端的是，这些定义常常只是描述性的。在大多的定义中，拟态的普遍特质被描述如下：第一，颜色、信号或物种之间的相似性；第二，一个参与者对区分的混淆，或对欺骗无法察觉；第三，对参与者的适应性的利用、受益、提高或降低。例如，艾伦和库珀在其综述中的简要陈词："当一个生命体类似于第二种生命体时，它被称为是拟态的，'模型'通过欺骗第三方生命体，而从这种相似性中受益。"①

为了将拟态出现的难以数计的多样性概念化，拟态的参与者通常被称为"拟态者"（也就是模仿的生命体）、"模型"（也就是模拟的客体）以及"信号接收者"（"被操控者"或"上当者"，也就是被欺骗的第三方生命体）。通过运用这个术语，英国昆虫学者理查德·I. 文－赖特（I. Vane－Wright）将他的定义集中在信号及其功能的传输上。"当一个生命体或生命体群（拟态者）模拟第二方的生命体（模型）的信号性能时，拟态得以出现，以致拟态者能够从一个敏感的信号接收者（被操控者）对模型所做的常规反应也就是通过其将拟态者当作模型的误认中获取某种利益。"② 虽然在主流生物学众多学者的论述中，拟态的概念都仅仅包含了生命体之间的生理相似性，但是，诸如"信号""感觉""感觉系统""信息流"等概念也在学术文献中被普遍地使用，而且，在现代的拟态理论中，我们甚至可能发现朝强调知觉和交流过程所扮演的角色的特定转向。德国动物学家沃尔夫冈·维克勒（Wolfgang Wickler）在《大不列颠百科全书》的开篇提到了一个相当具有符号学性质的描述："拟态是一个以并不在分类学上紧密相连的、两个或多个生物体之间的表面相似为特征的生物现象。这种相似包含着，一方或双方生命体通过在生命体和自然选择的生命代理之间的，某种形式的'信息流'受益（比如避免被捕食的保护）。"③ 为了强调拟态参与者的相关性，"拟态系统"这一概念也被用来表示"一个包含两个或多个主角来演绎三个角色的生态组织"④。

生物拟态并非基于由生命体的生理机制所激发的本能反应，而是基于一个符号或以符号为中介的行为：在这个假设中，拟态能够成为生物符号研究的一个有趣的对象。在这样的语境中，只有在粗略的观察中，信号接收者和拟态者之间交流的行为结果才是可以被确定性地、双重性地进行描述的：认识到这一点非常重要。虽然拟态情境首先是一个交流的情境，它同样包括不可预期的因素的解释。另一方面，信号接收者区分拟态者和模型的能力能够有赖于习得，

---

① John A. Allen, Jon M. Cooper. "Mimicry", *Journal of Biological Education*, 1995, 29 (1), p. 23.

② Richard I Vane－Wright. "A unified classification of mimetic resemblances", *Biological Journal of the Linnean Society*, 1976, 8, p. 50.

③ Wolfgang Wickler. "Mimicry", In *The New Encyclopedia Britannica*, 15th ed, vol. 24, 144－151. 1998, Chicago: Encyclopedia Britannica, p. 144.

④ Georges Pasteur. "A classificatory review of mimicry systems", *Annual Review of Ecology and Systematics*, 1982, 13, p. 169.

正如其在动物行动学和动物生态学的许多研究案例中体现出来的那样。同样的，这似乎表明了，信号接收者的双重输出行为是在一个更为精密的智力过程之后，在这个过程中，生命体或发现的对象和先前存在的心理意象形成了比较。

被捕食者的意象或其明显的特征被捕食者从众多的认知对象中搜寻出来，这被库尔（1957：62~64）称为"意象搜索"（search image），其后，著名动物行为学家尼科·廷伯根（Niko Tinbergen）的弟弟，卢克·廷伯根（Luuk Tinbergen），使其在生物学界普及。根据西比奥克和马塞尔·达内西（Marcel Danesi）的模塑系统理论（Modeling Systems Theory），这种先前存在的模型能够被认为是内在的、想象的或智力的形式，和"代表指称外部的外部形式一起"构成了符号行为的一部分。被一个动物所寻找和注意的个体特征（意象搜索、再现体）之间的关联，同生命体体现它们（指称、对象）以及这两个生命体之后可能的从属关系（意义、解释项）一起，能够被看成符号的要素〔根据皮尔斯的宽松定义，一个符号是"由思维所产生的符号（再现体）、所指、大脑产生的认知之间的关联"①〕。因此，符号过程一般描述为，某些事物对某些生命体而言充当符号的过程，在这里，指的是动物和其他生命体或客体之间最经常发生的交互行为。在这个框架中，生物拟态应该被考虑为符号之间的结合，其中涉及了几个参与者以及多于一个的符号关系。

一、拟态中拟态者的角色，以及像似性问题

在拟态中区分三个参与者以及它们之间的关系，正如之前的定义所做的那样，带来了从不同的观点来解释拟态的可能性，也就是作为被信号接收者、拟态者、模型或者人类观察者所感知到的情境。在早期的研究中，人们认为，拟态就是从人类研究者的视角来看待的、不同物种之间的分类学上的无序或谬误的相似性。这样的理解的起源是自然神论传统，它常常将自然中的相似性认为是来自神传达给人类的信息。1862 年，贝茨将拟态解释为"有着明显区别的家庭成员的外表、形状以及颜色的相似……这种相似是如此之近，以致当它们处于天然的森林中时，只有在长时间的实践之后才能将真的和拟态者区分开来"②。在这之后，其他的观点也开始涌现。对警戒色的研究将拟态的观点视

① Charles S. Peirce. *Collected Papers of Charles Sanders Peirce*. Cambridge：Harvard University Press，1931—1958，Vol. 1. p. 372.

② Henry W. Bates. "Contributions to an insect fauna of the Amazon valley"，. *Transactions of the Linnean Society of London* 23，1862，Lepidoptera：Heliconida，p. 502，p. 504.

为一个利用和依赖于常规交流的寄生现象。由简·凡·赞德特·布劳尔（Jane Van Zandt Brower）和林肯·皮尔森·布劳尔（Lincoln Pierson Brower）所推出的、关于拟态的经典研究，则将拟态者和模型之间相似性的认知作为信号接收者的行为困境。

在符号学领域，于特定方面得到强调的有关生物拟态的讨论，以及这些讨论的理论语境，似乎在很大程度上依赖于研究者在拟态者、模型以及信号接收者的三项式上的立场。这样的倾向在西比奥克的著作中尤其明显。生物拟态已经被完全地包含在了符号学领域，这在很大程度上是因为西比奥克的努力。他第一个提出拟态能够成为一个符号学现象，因此，他在将拟态引入符号学中，成为基础性的角色。作为主编，他在《符号学大百科辞典》中选入了由英国知名的生态遗传学家艾德蒙·B. 福特（Edmund B. Ford）所撰写的一篇有关拟态的文章。这一篇幅为一页半的概述包含了对多态性、性拟态以及物种结合的阐释，同时又解释了贝茨和穆勒的拟态论，但同时，美中不足的是，它没有提出任何清晰的符号学观点。①

在他的著作中，西比奥克考虑到了几种情况下的拟态现象。在《动物能说谎吗?》（"Can animals lie?"）这篇论文中，他将拟态作为自然进化的策略，并将其与故意的欺骗行为对立起来。他关注的是拟态者的立场，并且描述了具有欺骗性能的各种生命体。他建议将拟态者放在信息源的位置，而成功拟态的信息目的地能够被称为"记号"（"the mark"），鉴于他在动物交流上的兴趣，这一看法并不令人惊异。同时，"拟态的符号序列可以从许多不同的渠道来编码"②。在他的论文《像似性》（"Iconicity"）中，西比奥克将拟态与其他现象相区分，如群居昆虫散发出的信息素强度而与周围的食物来源数量相匹配的气味记号，以及，由于蚜虫的腹部结构和蚂蚁的触须有着局部解剖学上的相似性，热带蚜虫和蚂蚁得以交流等，从而阐释了自然界中的像似性。

从信息论的观点来看，这三个参与者在发送者和接受者的立场上是分离的，因此，拟态者和模型占据了与信号接收者相对的发送者的立场。在上述两

---

① 贝茨和穆勒的拟态观是两种流传最广、讨论最多的生物拟态分类。在贝茨的拟态论中，美味或易受攻击的生命体看起来是不可口的、有毒的或是受保护的，而在穆勒的拟态论中，不同的不可口易受攻击的生命体看起来相似，从而使它们外表的保护效果最大化。

② Thomas A. Sebeok. "Can animals lie?" In *Essays in Zoosemiotics*, 1990, Toronto: Toronto Semiotic Circle; Victoria College in the University of Toronto, p. 96.

篇文章当中，西比奥克似乎强调的是发送者，而不是接收者的立场。① 这也遵从了西比奥克后来的理论立场：将不同类型的符号描述为同不同的模塑策略相关联，也就是说是从说话人和符号创造的立场，而不是接收者和符号认知的立场出发。比如，在《意义的形式：模塑系统理论以及符号分析》（The Forms of Meaning. Modeling Systems Theory and Semiotic Analysis）这部似乎最能涵盖西比奥克观点的综合论著中（与马塞尔·达内西合著），像似符被定义为符号创造的特征的基础："当模塑过程在其创造中牵涉到某种形式的拟态时，这样的符号被认为是像似性的。像似模塑产生单一化的形式，在能指和所指之间演示了可感知的像似性。换而言之，一个'像似符'就是以某种方式来与其指示物相似的符号。"② 同样，在《符号：符号学导论》（Signs：An Introduction to Semiotics）一书中，西比奥克强调了图像符号和柏拉图-亚里士多德言说中"模仿"概念之间的关系。（Sebeok 1994：28；see also Sebeok 1989：110）

从拟态者的立场来看，改变自身（或周围环境）、对模型进行模仿的过程，能够被视为对像似符的相似性的创造，由此，我们可能将拟态看作自然界的像似性的一个例子。在西比奥克所说的，将"通过编织若干其自身的复制品，来误导捕食者远离自身这个活生生的模型，转而进攻其为此目的而建构的数个复制品，从而使其周围改变成适应自身像似符"的亚洲蜘蛛的例子中，拟态和像似性之间的联系得到了很好的阐释。大概由于西比奥克著作的影响，拟态和像似性之间的联系在符号学文献中被反复提及，并且在普遍的符号学观点中，拟态常常被称为像似性在自然界中的实例。诺特（Winfried Noth）在他的《符号学指南》（Handbook of Semiotics）中这样讨论拟态和像似性之间的关联："视觉和嗅觉图像出现在拟态的形式当中"③，"出于非欺骗的目的的像似性在动物符号学中相当少见"④。

从生物学的角度来看，强调拟态者活动为拟态的代表性特征，这是更成问题的，因为自然界中同样有许多拟态实例，在其中拟态者所占的分量是比较轻

① 所选取的视角可能并未对描述人类的符号学产生显著影响，然而在研究不同动物种类之间的信息交换时，也就是在发送者和接收者在很大程度上存在区别的环境界、认知能力以及符号系统中，起到了决定性的作用。

② Thomas A. Sebeok, Marcel Danesi. The Forms of Meaning：Modeling Systems Theory and Semiotic Analysis. 2000, Berlin and New York：Mouton de Gruyter, p. 24.

③ Winfried Noth, Handbook of Semiotics. 1990, Bloomington：Indiana University Press, p. 124.

④ Winfried Noth, Handbook of Semiotics. 1990, Bloomington：Indiana University Press, p. 136.

的。在拟态者的活动方面，上文提到的、自我复制的蜘蛛的例子是一个特例。① 更为普遍的是，固有的拟态形式或色彩模式同由生命体做出的积极调整相结合来获取拟态的成功表现。例如，在鹰眼蛾的警戒表演中，它后翅末端部分的大的彩色眼状斑点是由遗传所决定的，会一直不变地伴随蛾的成虫期。然而，警示表演自身是蛾对刺激物的主动回应的结果（前翅举起，显露出伪装眼）。

为了使自然界中不同的欺骗行为体系化，动物心理学家罗伯特·W. 米切尔（Robert W. Mitchell）根据发送者行为自由度，区分了四个层次的欺骗行为。在第一个层面上，发送者欺骗的原因在于，它被设计为能够这样做而不能那样做。在第二个层面上，欺骗行为在很大程度上是预先决定的，但为了其表演，发送者需要同接收者联系并且积极触发欺骗表演。在第三个层面上，发送者能够定制已经存在的行为模式，并且在经验和学习的基础上重复成功的欺骗行为。第四个层面是人类的特性，但在某种程度上类人猿也如此：发送者也考虑接收者过去的行为，并且能在某个特定的交流环境中，依靠接收者的回应来定制欺骗行为。

在对大象、黑猩猩或北极狐等高级哺乳动物的观察中，欺骗行为占了很大比重，这些欺骗的例子甚至能够被视作是它们蓄意的新行为，由特定的个体所采用来解决特定的群体纷争。同样，这些在米切尔的分类中属于第三层或第四层的事件，并不经常被视作生物拟态的例子。上述鹰眼蛾的警戒表演同其他许多经典的例子的意义属于第二个层面，它们以基因决定和一些行为活动为特征。然而，也存在大量拟态的例子，完全地从属于米切尔分类的第一个范畴，因为作为个体的拟态者并不表达任何交流活动来达到与其模型的相似。例如，大多数伪装模式的表演，并不依赖于拟态者的活动或者是信号接收者的出现。同样，许多植物的拟态也是类似其周围环境的物体、其他植物甚至动物。德尔伯特·韦恩斯（Delbert Wiens）以袖蝶属蝴蝶的西番莲属寄生植物（西番莲）为例，该植物将改良的托叶伪装成蝴蝶的卵块。当袖蝶属蝴蝶选择空的植物来产卵，以避开毛毛虫以后自相残杀时，那些有伪装卵块的植物就不会被毛毛虫啃食，从而免于受伤。

回到符号学上，我们能够察觉到，在像似符号创造方面，要描述植物拟态

---

① 同时，的确存在相当复杂的拟态，拟态者的行为创造了欺骗表象。比如，马克·D. 诺曼（Mark D. Norman）和他的同事描述印尼章鱼模仿其所处环境中不同捕食者和有毒动物，例如比目鱼、狮子鱼和海蛇等的运动和身体形状。作者认为，章鱼可能实际上根据其所感知到的威胁的本质来做出不同的变形选择。

相似性是非常困难的。如果作为个体的拟态者仅通过遗传，决定了相似于模型，且并不以任何主动的方式参与像似性的创造，那么，这一像似性能够被认为是像似符号的活动吗？这种情况不是更应该被分类为自然界的像似性吗？譬如，植物的刺和分枝同哺乳动物的皮毛之间的像似，这样的像似性并无任何交流的动机，而只是对生理性质的适应。然而，西番莲的托叶同袖蝶卵块的像似性与这些物种的生态联系有关，并且它们之间有着交流关系。

作为解决这个问题的一个可能的方式，同时也与植物符号学的其他论题相关联，诺特建议，将植物—动物的合作进化有所保留地视为是进化层面上的符号学，在这个层面上，信息"从一个大的形态学结构（颜色、形状等）的指令系统产生"[1]。霍夫梅耶似乎支持这种观点，认为拟态中的相似性可能既在个体层面是无欺骗性的，因为拟态者不能发送真实的信息，又在进化层面上是有欺骗性的。他运用马来花螳螂同多花野牡丹之间的相似性来作为一个例子，并解释道："我建议我们将特定种类的伪装包含进'进化伪装'（evolutionary lies）这一术语当中，也就是说，伪装植根于一种由发出欺骗的个体的进化策略的过程，和其他物种所展示的意向性。……单个的螳螂不会伪装，但它仍然是它所属的整个伪装链条中完整的一环。从适应发生的历史背景来看，螳螂和花的'像似'意味着一个（错误的）'表征'，也就是说，这是一个伪装。"[2]

我们能够得出这样的结论：拟态是否是一个像似符号创造的现象，首先，取决于我们在自然界中所观察的现象是否为特定像似性实例，其次，取决于我们是否将拟态者理解为交流中的一个积极成员。在形成具有欺骗性的像似性过程中，拟态者作为个体扮演重要角色的例子，能够被理解为在生命体及其神经活动的层面上的像似性实例。假设阐释和交流活动归因于进化层面上的整个物种体系，那么，拟态的其他实例就能够被视为像似性的。然而，如果我们关注的是拟态者的立场，并且强调个体活动在符号过程中出现的重要性，那么很明显，许多生物拟态的例子就不能被描述为自然界的像似性的例子，它们往往会超出符号学的研究范畴。

二、信号接收者的立场和矛盾的符号

将拟态分析为符号现象的一个替代可能性，是关注信号接收者的立场。在

---

① Winfried Noth, *Handbook of Semiotics*. 1990, Bloomington: Indiana University Press, p. 167.
② Jesper Homeyer. "The semiosic body—mind". Special issue, *Cruzeiro Semió'tico* 1995, 22 (25), pp. 367—383.

接收者和发送者之前，拟态情境的表现可能大相径庭。这种变化首先植根于交流的普遍特征：意义转换的出现是由于阐释和解释、编码和解码之过程的不对称。戏剧符号学家塔德乌什·柯赞（Tadeusz Kowzan）将此描述为符号的不同方面，通过不同的交流阶段来表达。例如，一个符号能够在其创造中是拟态性的，而在其解释中是像似性的。然而，在拟态中，发送者和接收者之间意义有所不同，这似乎是一个更基本的特性。阿列克谢·A. 沙洛夫（Alexei A. Sharov）将拟态用"倒转符号"（inverse sign）这一术语来加以阐释，在其中，符号对发送者［在他的术语中是"发射者"（transmitter）］来说有着积极的价值，但对接收者来说，却是消极的。沙洛夫描述了模拟其他物种的光信号来吸引雄性，从而将其吃掉的雌性萤火虫的例子，对这种倒转符号进行解释。他认为，"一个倒转符号常常是，某个其他符号对接收者的具有积极价值的模仿"①。

同许多动物符号学的其他例子一样，在拟态当中，对信号接收者而言，符号关系是在它所观察到的一个生命体的特征或形象搜索，（再现体）、能够与之互动的生命体（对象）以及与生命体适用性相关的意义（解释项）中形成的。② 对信号接收者来说，拟态者和模型有不同的价值或者适应性，因此，区分这两者是它的兴趣所在。一般说来，信号接收者能够正确识别被感知的生命体和物体，并对其采取适当的行为，但它会避免对同样伪装的生命体和物体采取相同的反应。对信号接收者来说，模型和拟态者之间的区别可能在以下对立的例子中得以阐释：可识别的客体同可感知的响声、能吃的和不能吃的物体、安全和危险的生命体。在信号接收者的环境界中，存在着感觉上相似、但有不同适应性的对象，这就伴随着不同的、常常相反的反应（例如，捕获或逃跑）。

因此，拟态的一般标准似乎是，信号接收者在同样的对象或生命体显而易见地同时存在的情况下，作出正确识别的能力。除去识别，由信号接收者做出

---

① Alexei A. Sharov. "Biosemiotics：A functional－evolutionary approach to the analysis of the sense of information", In *Biosemiotics：The Semiotic Web* 1991, Thomas A. Sebeok, Jean Umiker－Sebeok, and Evan P. Young (eds.). 1992, Berlin and New York：Mouton de Gruyterp. p. 365.

② 考虑到像似性，也可能在基本的图像框架中描述拟态，这被艾柯理解为"刺激是充分由感知而不是其他所表征"，并且图像"同其所成为的保持一致"。（Eco：2000：106）然而此种"感知"的基本关系并非拟态的明显特征，而只是动物符号学的一般前提条件。

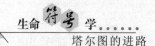
的对拟态者的信号的主动解释，也似乎在某些拟态系统中形成了一个重要的方面。① 能被感知的特性是如何被感知、选择和归类，这在很大程度上取决于信号接收者的感知能力以及拟态系统的特殊建构。在认知心理学中，主要的替代品常常被区分为原型门类，在其中，接收者将感知的对象与一般化的大脑图像，以及两个类别之间客体的突出特征所聚焦的边界划分形成了比较。弗雷德里克·斯特瑞伏尔特（Frederik Stjernfelt）认为，边界划分"在当双方边界的两个范畴上有重要的行为区别时（相同的浆果类，一个是可食用的，一个是有毒的）"应该被预料到，其原型的分类知觉在"边界模糊或者不存在时（譬如'危险'之类的边界现象）"应该被预料到。② 在两种类型的拟态中，注意力的实现都取决于拟态者和模型的感知可达性、它们的相对数、信号接收者所可能犯的错误的结果等因素。

在上述的鹰眼蛾的例子当中，我们可以预料到小型食虫鸟所准备的两种同样强烈的刺激。蛾的感觉线索与搜索一个合适的猎物的形象相一致，而伪装眼表明了一个可能的捕食者和危险的出现。在花的拟态中情况则有所不同。对蜜蜂所采摘的花的恒久度的研究表明，存在一个普遍的搜索形象，该形象和在周围环境中获得花蜜和花粉最多的花相符合。如果首选的花的数量减少，蜜蜂就开始"犯错"并且拜访其他的种类，这就时常会导致一个新的搜索形象的形成。比如，在风铃草（模型）和黄兰属火烧兰的拟态系统中，我们能够预料到，用其来搜索适当的食料植物，并过滤掉不匹配的伪装兰花的独蜂群（信号接收者）的普遍性的搜索形象。

然而，在迷彩色或保护色中出现了另一类情景，其中，拟态者试图将自己隐藏在周围环境中，以及/或者在信号接收者的环境界的交流声中。在这样的例子里，信号接收者并不是在分类的过程中，而是在感知的过程中作出决定性的区分。问题不在于被感知的生命体是否被正确地识别，而在于带伪装色的生命体是否首先被注意到。虽然，作为符号活动的两个阶段，感知和随后的分类是相互关联、不可分割的，当提到涉及拟态系统中的发送者活动的问题时，这

---

① 相关的拟态和像似性的一个可替代的可能性可以假设为对信号接收者而言在拟态者和模型之间有图像符号的联系。在大多数的拟态实例当中，对信号接收者（客体）而言拟态者（表征项）并不代表模型（反之亦然）。对于信号接收者阐释活动的一个例外的例子是一些物种内的拟态，在这些例子当中，拟态者和模型这两者都一个接一个地参与了同样的交流活动。一个这种图像拟态的例子是雄性非洲口孵鱼即伯氏朴丽鱼和其同种类的蛋。其相似性在其产卵上扮演了重要角色：雌鱼试图聚积和模仿雄性口中的鳍来为其繁殖获取精液。

② Frederik Stjernfelt. "A natural symphony? To what extent is Uexkull's Bedeutungslehre actual for the semiotics of our time?", *Semiotica*, 2001，134 (1/4)，p. 95.

两个过程有可能是截然不同的，这非常有趣。大多数拟态的生命体的兴趣都在于被正确地辨认出来，它们是通过发送积极的信号来参与交流的，而颜色鲜艳的生命体则避免任何交流性的接触，这就产生了被文－赖特（Vane－Wright）称为"无信号"（nonsignals）的过程。这样的不同被显而易见的、隐藏的种类具有替代性的行为适应性所支持，华莱士在蝴蝶幼虫方面的论述指出了这种区别。许多有伪装色的物种都是独居性的，而具有鲜艳色彩的、难吃的幼虫则倾向于群居，来使其更易被察觉。

我们能够得出这样的结论：涉及拟态情境的符号的确切组合，在每种情况下都不尽相同。除了由参与其中的物种的拟态和功能的类型所产生的区别之外，其信号接收者的心理状态，比如饥饿或舒适，也可能起决定作用。信号接收者对符号的感知也取决于特定的交流语境，并且根据拟态情境所发生的位置而变化（譬如，一个食虫鸟和蝴蝶的交流是发生在树枝上还是在空中）。考虑到这种多样性，我们就能将生物拟态描述为：信号接收者的符号情境。

库尔对认知符号学进行过研究，并且认为，在拟态系统中拟态者和模型构成了相同的符号。"以一种特定的黄蜂作为符号的生命体，并不能区分黄蜂和对黄蜂进行拟态的苍蝇。苍蝇同黄蜂所代表的符号是一样的，因为它们的模式同阐释者密不可分。"① 这一描述与这种认知高度发生错误的拟态例子十分相符，比如，一个拟态者的免疫反应是以生理结构适应性的分子拟态为基础的。然而，在生命体之间的拟态中，一些信号发送者的神经活动也牵涉其中，认知因此得以可能实现。鸟儿可能正确地将苍蝇识别为能吃的对象，并且将其捕获。这两个情节让我们有理由来区分，两个在食虫鸟的环境界里能察觉的、相似的、但不同的符号或符号复合物——一个代表食物，而另一个代表被蜇的不愉快经历。

如果拟态者同模型的区别取决于许多语境因素，并因此在每个交流行动中重复出现，那么，就不可能得出这样的结论：有一个或两个符号或符号复合体参与到拟态之中。梅里尔（Floyd Merrell）在符号系统中描述边界情境时讨论道，像似和区别之间的划分在本质上是不可定义和模糊的。如果这种不确定性对大多数拟态情境来说并不是偶然，而是相当普遍的，那么，就应该仔细考虑它是否形成了拟态的主要特征，并因此形成了一个新的符号结构。通过允许在

---

① Kalevi Kull. "Evolution and semiotics". In *Biosemiotics：The Semiotic Web* 1991, Thomas A. Sebeok, Jean Umiker－Sebeok, and Evan P. Young（eds.）, 1992. Berlin and New York：Mouton de Gruyter, p. 228.

不同的生物和交流语境中的拟态，认知的可能性似乎也和进化动力学的机制联系了起来。

在我们努力处理含义模糊的符号复合体时，美国符号学家莫里斯的著作能够给我们一些指导。除了在心理学和行为学上的符号学理论的发展之外，他解释了符号和符号过程的类型学。在《符号、语言和行为》（*Signs, language, and behavior*）一书中，他引入了"符号家族"（sign family）这一术语，将其定义为对解释者来说具有相同意义的符号群："对给定解释者来说，一系列相同的符号工具有同样的符号意义，被称之为一个符号家族。"① 莫里斯在一个由阐释者所发出的相同的行为反应的基础上，将符号统一进符号家族，这是与他的行为主义立场相一致的。在涉及拟态时，莫里斯的符号家族概念能被用来描述由不同的生命体所产生的相同记号、形态以及行为模拟现象。这样的符号家庭在穆勒的拟态例子中得以呈现，其中，许多不同种类的、不能吃的或危险的生命体具有同样的颜色。然而，如果信号接受者对拟态者和模型的反应，就像在经典的贝氏拟态中那样，至少部分地不同，就会出现几个符号家族。

在同符号家族的概念的联系上，莫里斯同样也指出，一个符号可以但必需拥有一个意义。他对比了模糊的和不模糊的符号："一个符号载体在只有一个符号意义时是不模糊的（也就是只属于一个符号家族），否则是模糊的。"② 模糊符号的概念似乎包含了意义不同类型的关系。第一，是意义互相补足的情境（例如在人类语言中的许多多义结构）。在这种情境中，意义能够被联合起来，形成更为复杂的解释。比如在自然界，河流作为一个生物体系，可以是指"饮用的水"和"路上的障碍物"，这两个可以联合起来产生诸如居住之地的区分的新意义。当不同的阐释或意义形成对立，并且互相排斥，比如由于行为结果的对立时，另一种可能性就会得以实现。在同音异义中，字母的相同顺序指向不同的意义，并且读者需要在语境基础上可能的阐释中做出选择，也体现了这样的对立。例如，英语中的"lie"可以理解为"以一个倾斜或水平的姿势来休息或摆放自己"，或"用故意欺骗的意图来说或写"，但不能同时具有这两种意义。第二种类型的意义模糊是拟态的特征。在其环境界中，解释者不能将与拟态者和模型种类一致的解释联合起来，而是需要选择其中之一。因此，如果称这些符号联合为矛盾符号而非模糊符号，则确切得多。

① Charles Morris. "Signs, language, and behavior", In *Writings on the General Theory of Signs*. 1971, The Hague: Mouton, p. 97.

② Ibid.

矛盾符号能够被描述为，在一个和两个符号之间波动、并且在解释过程中产生了符号实际构成和数量的符号结构。与同时发生的、相当具有巧合性的同音异义不同的是，在拟态当中，矛盾有着结构上的重要性。拟态者和模型之间的感觉相似性，以及意义的相对性，是拟态者和信号接收者的进化中矛盾的组成部分以及两者之间交流规则中的一个重要特征。在传统的达尔文进化理论的框架中，这个规则同样也能得到解释。如果不讨论细节问题，那么可以说，拟态的参与者之间在数量和来源选择以及发送者的相似性（同信号接收者的认知和记忆）上是相互平衡的。属于该物种的个体参与了生物关系以及外表与感觉的平衡，这种平衡被认为和捕食者与被捕食者在食物链中的数量波动是相似的，并随之而波动。

让我们概括一下信号接收者在拟态中所扮演的角色：看来，在正确和错误的解释中来回平衡，是拟态系统的特征。信号接收者认知的困境，可以在感知中或多种类型的划分中得以实现，并且在不同意识层面上得到解释。由于进化调节机制的支持，此种交流上的困惑能够通过不同的自然和交流语境来得以推进。信号接收者反复出现的困惑情境，使得我们可以区分一个新类型的符号形式，即在一个或两个符号的波动中稳定的矛盾符号。

三、自然界意义之网中的拟态

除了能够对不同对象在各种生命体的环境界中所获得的意义作出分析，生物符号学研究同样能关注于动物在发现意义过程中的多样化的关系。不同物种的补充结构和行为模式，被作为自然科学中生态的、向性的、行为的关系来研究。人们用协同进化的适应形式，来描述许多独特的相似性和一致性。这种关系的适应性的最好的例子，就是紧密联系的、必须共存的两种生命体的特性、形态和习惯的密切共生。同样，在拟态研究中，协同进化的方式也被使用，比如，在描述不同的热带袖蝶科蝴蝶和其他家族之间的相似性时，不同的种类相互形成了区域特异性的变体，即所谓的"拟态链"。

从生物符号学的视角来看，乌克斯库尔注意强调了动物关系的意义。在《意义理论》（Bedeutungslehre）中，乌克斯库尔描述了不同动物在身体计划和周围环境界上的一致性，以此作为意义的对应物。不同的环境界由功能圈所调节，动物通过感觉和反应活动在其中获得了互相的意义应用者和携带者的位置。根据库尔的说法，这些意义的对应物修正了动物身体以及生命循环的整个结构。"作为外在于它们的意义因素的应用者，所有的植物和动物器官决定了它们的形状和它们构成的分布。"① 这些意义能通过同动物身体区分的线索携带者来调解，比如，在蛾的环境界中吱吱叫的声音代表蝙蝠，同样，也能通过作为意义携带者的完全独立的生命体来调节。② 在这里，乌克斯库尔的例子是，并非是因为雌性苦鱼，而是因为池塘中的蚌，从而出现了交配色彩的雄性苦鱼。苦鱼在蚌的鳃中产卵，随后，鱼的幼体也能在里面安全地生长。

调节意义的自然结构，使得在乌克斯库尔的对位对应法框架中考察拟态成为可能。论及拟态，乌克斯库尔提到了两个例子：琵琶鱼钓鮟鱇用一个长的、可移动的附体来引诱被捕食的鱼；蝴蝶用带有的彩色伪眼斑点来吓跑食虫鸟。他将这些例子视作自然界中形成的意义规则的延伸。在这些例子中，猎物的形态塑造并不直接和捕食者的形态塑造相关联，然而，它们却通过动物的环境界中所呈现的一些其他的形象或形状图式，而获得了一致性。

乌克斯库尔的"意义理论"为种类间的关系开启了重要的方面，它被认为是对拟态进行解释的生物符号学基础。也就是说，如同建立在交流的基础上一样，不同物种之间的关系也是依靠环境界的，即它们以动物所展现的意义和功能为条件。涉及拟态时，乌克斯库尔的方法表明，任何伪装的像似性都应该首先从参与者的环境界的立场来考虑。这一前提为生物拟态的符号学解释带来了一些特别重要的结果。首先，这意味着拟态作为两个物种之间的像似性的一般描述，仅仅包含了许多有限但可能的像似性的例子。由于生物种类的分类学是人类文化的产物，因此，特别是相对于人类的环境世界而言，动物接收者可能与被感知的生命体完全不同。比如，多样性分类的蜜蜂、大黄蜂和胡蜂在生物学上的描述不同，但可能在捕蝇器的环境界中，它们只是一群嗡嗡作响的、色彩斑斓而带条纹的、易于被捕获的苍蝇。如果是这样，那么，乌克斯库尔说的拟态，只能在不具有明显区分信号接收者的视角下，被人类观察者注意到。从另一方面来说，一个动物接收者可以区分不同的变体，这些变体在我们看来属于同一种类，似乎和拟态循环的例子是一样的。

第二层含义是，对信号接收者来说，拟态者和模型都不需要是一个整个的生命体，它们在空间或时间方面只是一个生命体的一部分，或仅仅是一个可感知的特征。例如，在一个松散的感知中，作为植物的蝇兰的唇瓣是拟态，但是对将其误认为雌性胡蜂而对花授粉的独居胡蜂来说，其相似更为具体。在胡蜂

① Jacob von Uexkull，"Theory of meaning"，*Semiotica*，1982，42（1），p.37.
② 谈到拟态，库尔在《理论生物学》（Theoretische Biologie）中描述了雌性布谷鸟将它的蛋产在同自己的蛋相似的寄种的窝里的现象。他将此解释为布谷鸟的效应器官同寄种的知觉器官之间的和谐。（Uexku̇ll 1926：162—163）

的周围世界当中，只有开花的植物能够迷惑雄性，并且只有在类似蝇兰的信息素的气味飘在空中这样的天气条件下才如此。因此，对独居的黄蜂来说，相似必然是由在时间上的植物花序，和在空间上的花的外表所决定的。从另一方面来讲，这种相似也因兰花的诱人香气而进入了周围的环境当中。H. 泽布卡（H. Zabka）和古特·滕布罗克（Gu¨nter Tembrock）根据参与者的行为从属关系，来划分不同的拟态类型和保护色，他们强调，在涉及拟态时，需要描述与动物相关、并且所有刺激物都被评估的局限中的环境区域，这是很重要的。相关的区域和无关的环境形成了对比，并被后者所围绕，而后者"在涉及现在的动机状态时，对一个生命体来说所有因素和刺激都没有意义"[1]。

在其环境界中欺骗信号接收者的实体问题，也和拟态的分类问题相联系。有几种根据种类组合来区分拟态的尝试，也就是观察哪个生命体处在拟态者、模型和信号接收者的位置，以及是否这些种类中的任何一种都扮演着超过一个的角色。对拟态最为精密的分类是由赖特在 1976 年提出的，他将拟态者、模型以及信号接收者彼此间的影响以及参与拟态的物种的组合考虑在内。根据赖特的研究，可能的组合是分离的拟态（所有的参与者都属于不同的种类），以及两个物种互相作用的双极的拟态。总而言之，赖特的分类描述了四十种不同类型的、具有欺骗性的相似。

这些由赖特阐发并随后由法国生物学家巴斯德（Georges Pasteur, 1982）所推进的、基于物种组合的分类，它们的局限在于，事实上，参与者必须是一个生命体。即使在信号接收者的例子中这可能属实（如果将分子拟态排除在外），它也会明显地导致对拟态者和模型进行描述时产生问题。首先，在信号接收者的一个或同样的交流关系中，拟态者的种类可能会联合不同类型的相似。例如，在其攻击拟态系统中，鮟鱇鱼将其身体表层的隐藏相似（拟态者）同海底丰富的藻类和其他植物（模型）结合起来，其最重要的鳍条（拟态者）同蠕虫（模型）相似。第一种类型的相似用来让鮟鱇鱼难以被察觉，第二种类型的相似帮助诱惑和捕获更小的鱼（信号接收者）。在基于物种关系的分类上，不同模型和类型的相似（保护色、进攻拟态）这样的例子将被划分为两个类型的拟态，虽然两种相似都能在功能上以同样的交流活动彼此相关联。

从另一方面来说，拟态系统的模型根本不需要是具体的种类或生命体。在对基于物种的拟态划分的批评中，泽布卡和滕布罗克提出了拟态系统的一个例

---

[1]　H. Zabka, G. Tembrock. "Mimicry and crypsis — a behavioural approach to classification", *Behavioural Processes*, 1986, 13, p. 162.

子：腐肉花模仿腐肉来吸引寻找尸体产卵的苍蝇。在这个例子当中，将模型指定到物种层面是虽不合理却又可能的。① 如果要为赖特和巴斯德的方法辩护，那就必须承认，在许多的拟态系统中，物种能够被认为是进化的首要单元。从这一进化的观点来看，这能证明，将物种间彼此有益和有害的影响考虑进来，将物种作为分类的开端，这么做是不无道理的。

四、抽象拟态和"意义相似"

乌克斯库尔观点的第三层涵义强调了意义在物种间关系和交流中所扮演的角色，可以将其理解为，在动物的环境界中，可能存在不需要与任何特定的物质形态有直接的、强烈关系的意义。相反，动物自身能够将这类意义归到与意义的特质相匹配的不同对象上。这种普遍意义可以是"突变""陌生"以及"可能的危险"。例如停止、逃离等经常触发的行为反应，或对搜集更多信息的好奇等意义，它们能够成为拟态的来源。

最普通的抽象度，可能是在警戒表演中得以呈现的。在《动物界的防御：反捕食防御之调查》（*Defence in Animals. A Survey of Anti－Predator Defences*）一书当中，马尔科姆·埃德蒙兹（Malcolm Edmunds）用"示警行为"（deimatic behavior）这一术语描述了这些行为模式。比如，像巴拿马有翼竹节虫和普通竹节虫，它们平时的形态像棍子，在飞行时，由于受到干扰，会展示出它们的翅膀上的彩色区域。这种耀眼颜色的突然出现，会让捕食者停下来，并且搜索展示出不可预测性符号（模型）的周遭环境的更多信息，从而给昆虫更多的时间逃离。这种示警行为能够被认为是对像不含任何化学毒素或其他防御能力的棍状昆虫的拟态，这证明了它们的生动信号的有效性。另一个运用抽象相似的著名防御策略就是，许多爬行动物和两栖动物以更大的形体出现的适应性行为，这可能会让自己的处境更加危险。比如，在察觉到一条蛇时，蟾蜍通常会将自己从地上举起，并发出奇怪的咆哮声，同时它的身体由于吸入了空气而肿胀。这一行为的目的是让自己更醒目，从而让蛇确信它并不属于可以捕食的行列。从拟态研究的角度来看，可以说蟾蜍以最抽象的方法，对类似于在蛇的环境界中大得不能捕获的动物的符号复合体（模型）进行了模拟。

巴斯德将上述例子排除在他的以物种为基础的分类之外，其理由是"模型

---

① 从符号学的角度而言，可识别的特质和生命体携带这些特征的区别也能够根据皮尔斯的符号作为"符号自身代表自身"的直接对象与符号之外的、"符号不能表达，只能暗示或通过阐释者的附属经验来找寻"的调节，或对运动对象的区别理论来解释。

并不是一个实在的物种"①，并且，巴斯德用"半抽象和抽象同形性"（"semi-abstract and abstract homotypy"）对其进行描述。如前所述，模型的相似并不属于任何具体的物种，这一问题实际上可能比仅仅在类别上的论题更为深入，在物种间的关系上，适合关注于生理形态和功能，并在很大程度上忽视了对感觉特性和动物自身意义的普遍生物学理解。抽象和半抽象拟态的主要区别在于，它们是基于哪种拟态的意义的泛化。在抽象拟态当中特定的一般性感觉特征，比如情境的改变，它不具有预期的运动或对所传达的可能危险的适应，而在半抽象的拟态模型中，它能够同一群生命体或其特征而并不是一个具体的物种相关联。基于意义的表达，在半抽象的拟态中，作为拟态者和模型的物种之间的相似依然很接近，并且如果许多物种牵涉其中，那么相似性则可能达到一个显著的程度。

自然界中半抽象符号复合体的一个绝妙的例子是"蛇"。除了与一个特定的蛇的种类相关联，与蛇的特性有关的诸如危险、有毒以及致命性等意义也与一系列诸如虫形身体、特殊的爬虫类运动方式以及嘶嘶声等蛇的特征相关联。②"蛇"的意义复合体能够被认为是生物学的一般概念，因为逃避具有类似蛇的特征的动物，这对很多不同动物群体来说都是普遍的行为，并且，对蛇的恐惧常常是与生俱来的。因此，采取蛇的外表、行为和声音，这对很多无害的物种都是有用的。类似蛇的行为被各种各样的生命体所采用，比如啄木鸟、鹳、歪脖鸟的幼鸟，具有眼状斑点的大型毛毛虫，以及许多种类的蜥蜴和鳗鱼。嘶嘶声被蚓鸟甚至大黄蜂用来阻止潜在的敌人。在人类文化中，"蛇"的综合体的抽象意义同样起着作用，比如在爱沙尼亚的民间传说中，无腿蜥蜴属的蛇蜥，在某些地方被认为是有剧毒甚至是有魔力的动物。

另一个广为流传的、半抽象意义综合体的例子，则与眼睛有关。有视力的眼睛是许多脊椎动物的特性之一。根据一般的生物学理解，对类似圆眼的对象的感知能够给接收者两种信息。第一，它能直接表明一个大型和活跃动物的出现；第二，它能给出这个动物的位置的信息，表明头的位置，因而可以对运动

---

① Georges Pasteur. "A classificatory review of mimicry systems", *Annual Review of Ecology and Systematics*, 1982, 13, p. 191.

② 卡雷尔·克莱斯勒（Karel Kleisner）和安东·马科斯（Anton Markos）建议用"共享"（*seme*）这一术语来表明对许多不相关的分类群来说普遍可感知的功能："共享应该被理解为，最初由生命体的一个物种或群体产生，而后延伸到其他能够接收（或模拟）的不相关的群体，在它们身体上或环境中对其进行建构的符号"。（Karel Kleisner, Anton Markos. "Semetic rings: Towards the new concept of mimetic resemblance", *Theory in Biosciences*, 2005, 123, p. 282.）。

的方向以及动物的主要身体部分的布置得出结论。据此，在拟态当中有两种眼睛的模拟。第一，许多蝴蝶、飞蛾、毛毛虫、青蛙、鱼以及其他的小动物，在它们的身体表面有大的类似圆形眼睛的区域——这一特征经常与行为适应性相结合，来表明这些眼睛标记的干扰。第二，许多快速运动的动物，比如蝴蝶或鱼等，在它们的翅膀或鱼鳍上有更小的眼状斑点，能够迷惑捕食者并将攻击引向不重要的身体区域。眼状斑点属于半抽象拟态，不可能指向模型的具体物种。不如这么说吧：基于它的普遍意义和在自然界中的功能，眼睛被当作抽象的客体来模拟。

评估一个新颖的理论方法的方式之一，就是衡量它对某些问题化的现象的解释，是否比传统的解释更加合理。对拟态的生物符号学的观点，是以抽象拟态者和模型的物种的相似性作为接近或散播的拟态为例而进行试验的。这种"非完美拟态"的泛北极特征，是以许多膜翅目（黄蜂、蜜蜂、大黄蜂）的黄黑警戒色以及它们在许多方面被食蚜蝇和飞蛾、甲壳虫、蜻蜓以及其他昆虫精确模拟为例的。同时，我们也用"半拟态"一词来描述这种情况。

大多数的生物学方法都认为，非完美拟态是以绝对相似为目的的"常规情形"的某种偏差。一些方式致力于在特定的环境条件或生态关系中解释非完美性，或者试图找到能够抵消这种偏差的其他因素。在查阅大量科学文献之后，弗朗西斯·吉尔伯特（Francis Gilbert）对十个方向的讨论进行了区分，来解决食蚜蝇拟态的非完美性问题：第一，拟态的出现。完全否认能力不足的拟态者能够成为拟态者。第二，捕食者的不同感知：能力不足的拟态者对鸟类捕食者而言是完美的。第三，能力不足的拟态者匹配的是穆勒的综合论，而不是贝氏拟态（因为飞行敏捷或轻微的不适口性）。第四，能力不足的拟态者的黄蜂模型异常有毒，因而拟态者不需要完美。第五，不同大小的拟态者有不同的捕食者（更小的、能力不足的拟态者，被视力不足的无脊椎动物所捕获）。第六，能力不足的拟态者通过一些对捕食者或其他拟态者的行为适应性，来补偿它们的视力分辨力。第七，对捕食者的影响。能力不足的拟态者是迷惑，而非欺骗。第八，进化的速度。能力不足的拟态者仍然在发展它们的拟态相似。第九，被人类干扰。能力不足的拟态者近来变得更多，导致了拟态的退化。第十，对完美的选择被其他力量（亲缘选择、多种模型的存在、产生完美拟态模式的代价）反对。其中的大多数解释，都是基于拟态对象是模型物种的假设。

从生物符号学的角度，我们可以给出本质上的不同建议：食蚜蝇并不模拟任何具体的物种，而是特定的颜色的混合体，表明自己对一大群动物接收者来说，是不可食用或危险的。换句话说，信号接收者的注意力集中在昆虫上，以及显而易见的颜色模式的可能意义之间的关系上，而不是对不同的昆虫进行比较，将它们作为典型。赖特通过运用两个不可口的物种的例子来列举了这样识别的自然。"一个学会通过它们的黑色和黄色来避免被红萤品尝的食虫动物，也可以在第一次遇见时避开同样颜色的蛛蜂。如果这样，它就是在其相似的黑色和黄色的信号模式的基础上，通过识别来做出这种决定的……"① 在这样的例子中，决定因素并不是黄蜂和甲壳虫之间的确切相似，而是它们是否让它们通常的颜色模式足够被识别，以及信号接收者是否熟悉这种模式。根据符号学的阐释，在穆勒的综合论中，不同模型的物种不需要彼此相同，而是需要被认定为带有"不可食用颜色"的物种。罗斯切尔德（Miriam Rothschild）做了同样的对非完美拟态的解释，她谈到了"拟态备忘录"，即与唤起信号接收者不幸经历的有毒的或危险的猎物的相似之处。

抽象拟态的现象传达了并由此强调了自然界中符号结构的某些功能，这对生物符号学理论来说是很重要的。第一，自然界的符号结构似乎对几个层面的普遍性意义起作用。这因自然界中与人类的一致性相比不同的身体结构、感觉器官、活动以及环境界的解释者的存在所加强。在某些环境界中，有着只对一些物种呈现的特定意义，但同时，也有更多普遍的意义，由各种各样的生命体共享。与此论题部分相关的是，身体形态和意义之间的联系，它们在自然界里的每个例子中都各不相同。既存在形态和意义互相紧密联系不可分割的符号结构，也存在意义复合体相当独立、能够栖居于不同血统和功能的许多自然形态。越是普遍和独立的符号结构，我们就越能期待它们在进化过程中扮演积极的角色。

五、结论

前文对生物拟态的几个交流和符号学方面进行了讨论。由于拟态在拟态者、模型和信号接收者的交流中起作用，同时，由于拟态的主要困难在于认知的过程，因此，我们能够得出这样的结论：拟态实质上是一个符号学现象，应该属于符号研究的领域。另一方面，关于生物拟态和像似性的、颇为流行的符号学观点，似乎存在问题。这并非是否认这种联系的可能性——肯定有许多牵涉像似性的生物拟态的例子，不管是符号创造还是感知都是如此。然而，符号学对整个拟态系统多样性的描述或定义，在像似性方面似乎并不合理。与此相

---

① Richard I Vane-Wright. "A unified classification of mimetic resemblances", *Biological Journal of the Linnean Society*, 1976, 8, p. 3.

关的是，我们要认识到理解能够将拟态从多种观点中区分出来的拟态系统三重性质的重要性。为了将拟态描述为一个整体的、综合的符号结构，这些不同的观点必须加以考虑。

将拟态描述为由拟态者所执行的像似符创造的一个替代方式，关注的是信号接收者的位置，在这些例子中，拟态表现为认知中的、不可预测的错误。虽然，在交流的不同阶段，错误可能通过分类的不同类型出现，但信号接收者做出了正确认知和解释的努力，即使由于明显相似的对象或生命体的存在而部分不成功，这看来是拟态的一般标准。这种对相同/相似的对象的替代性解释的恒定，以及同时存在的不稳定状态，为我们将拟态描绘为一个特定的符号结构——在一个或两个符号中稳定波动的矛盾的符号——提供了依据。

在拟态的符号学描述中，乌克斯库尔对自然界中意义的处理方式开拓了另一个有意义的观点。由于任何的相似和认知都是发生在某些环境界当中的，同样，对拟态者模仿来说，有用的实体并不是物种，而是在信号接收者的环境界中有明显意义的一些认知或范畴。在某些情况下，这些模拟的实体与人类同生物种类的描述相一致，但它们也同时按照不同的依据被建构：拟态的对象可能是一个生命体表面的某些可感知的特征，一群物种的普遍特征，或表明可能危险的一些抽象特征，等等。

后者的可能性为区分抽象拟态提供了理由，在抽象拟态中，模拟的对象是一个符号结构，它和获得了次级重要性的特殊形态相联系，从而产生了强烈而普遍的意义。抽象拟态的现象，突出了对拟态的一般性生物学理解的不足，这种不足将拟态描述为物种之间的相似以及运用物种的概念来作为分类工具，从而忽略了其符号学本质。然而，这种矛盾似乎超出了简单的、不同领域或知识之间的不理解。一方面，我们没有必要否定，生命体属于一个生物学的种类以及初始实体所传达的遗传信息，以及它们在拟态系统中所形成的进化单元。拟态特征在生物学的生命体中得到体现，并且通过这些生命体而得到发展。另一方面，拟态的模拟和认知的过程似乎遵循不同的规则，感知、相似、解释、信息、意义以及随后的结果的符号规则，起着决定性的作用。在这里，变化的主要单元是符号。就像在许多其他自然界的交流现象中那样，在拟态当中，这两个领域互相交织，也就是说，符号过程对生理性质产生影响，反之亦然。

［Maran，Timo 2007. Semiotic interpretations of biological mimicry. *Semiotica* 167（1/4）：223-248.］

第三部分　生态符号学

符号域与双重生态学：交流的悖论

卡莱维·库尔著 张颖译

　　符号学不简单且不能简单化，因为它需要考虑到自然科学方法会否决或者忽视的方面。无论是符号学还是自然科学，我们均是通过模型的建造来认知世界，然而这认知世界的方法本身简单化了事态，这就是悖论。若的确如此，我们任何认知世界的尝试可能最终都会威胁到符号学。然而，考虑到模塑的构造是生命的共性①，结论可能也并非如此。从符号学的角度来看，仅通过好的模塑，并不足以来认知，反而要通过一种相互矛盾的模塑间持续的相互关系来获得。

　　本论文旨在研究符号域和生态域的关系。换言之，即研究生态研究领域（生态系统或者有机物和群体的环境关系）是否能归入符号域。要解决这一问题，不仅需要界定符号域，而且需要弄清楚非符号域的概念。以下，我将列举出 17 条符号域的互补定义。

一、符码二元性和多元世界中的存在

　　尤里·洛特曼在演讲时，倾向于用悖论开头。对于符号域这类笼统的概念，或许使用悖论来描述会行之有效。我们可以从《柏拉图对话录》之《美诺篇》中一个著名的悖论开始。这个关于学问的悖论指出：我们不能寻找到未知物，也无须寻找已知物。若果真如此，学习是不可能的。求知，从本质上是一个符号过程，在这个层面，学习需要嵌入这个符号场域。800 年后，奥古斯汀在与儿子阿德奥达图斯（Adodatus）的对话录中（此文在《论导师》一书De Magistro中有记载），奥古斯汀提到：若我对符号一无所知，那它能教会我

---

　　① "生物学建构的是有机物模型的活动，这个观点是生物符号学的核心"（霍夫梅耶的观点）。"若我们把模型建造本身的特性包含进来，也能够获得符号学的理解，因为模型并非建筑群的总数，而是通过与别的事物的关系来定义。他们是出现在有机物中的复杂符号"（埃玛齐的观点）。模塑，客观世界的构造是包含植物在内的所有生物系统的共性（例如：生命属性），库尔在 2002 年针对这一论述深入探讨过。

什么呢；如果我并不是一无所知，我又可以通过符号来学到什么呢？

尤里·洛特曼在假定交流的概念时，涉及同样的悖论：如果两类个体迥异，那么二者之间就不可能存在着任何有意义的交流；如果两类个体绝似，也不可能存在交流（事实上，也是可能的，但是可能无话可说）。

概而观之，同样的悖论听起来似乎是同一性和差异性之间永恒的矛盾。要想持续同一性，我们需要保持不变，然而，生命本身却是永恒运动、不断改变的。

这种悖论可以在苏格拉底的对话原则中找到解决办法。然而洛特曼的描述更加准确。他认为文本和符码不是单一的，也不存在单一的语言或单一的文化。要想获取信息，至少需要掌握两种不同的符码或语言。

"文本是形成某种异质符号域系统的机制，在文本的连续统一中，传播着某种原始的信息。这种信息，我们不能将其看成是可以通过某种单一语言来表现的，而是至少需要两种语言。从单一语言的角度，并不能准确地描绘这类文本。"①

"若定义为'文本'，这条信息至少需要双重编码。"②

这可以看成是符码二元性原则的另一种描述③。它假定了在任何形式的意义创造或者意义交流中，连续性和离散性的并存。霍夫梅耶和埃玛齐描述过类似的原则。

符码二元性原则确立了符号域的重要特性：互补定义的共存④。符号域是一个非物理性的概念（假说），尽管有波尔（N. Bohr）的互补性原理，但是就物理的研究方法而言，假定某种单一的描述因为是从定义出发就毫无意义，这样的观点是很荒谬的。

符号域可以被认为是意义的生成空间。事实上，仅存在一种生成意义的方法，那就是通过同时且多样化的描述，比如说，同时理解和不理解，或者，同时识别和不识别某种单一整体的事物。洛特曼提出："不理解和理解一样，二者均可以作为有价值的意义机制。"⑤ 没有悖论，就没有表意。

---

① 引自 1994 年的英文译文。Juri M. Lotman, "The text within the text", *Publications of the Modern Language Association*, 1994, 109 (3), pp. 377—384.

② Juri M. Lotman, "Semiotika kul'tury i ponyatie teksta", *Sign Systems Studies* (*Trudy po znakovym sistemam*), 1984, 12, p. 4.

③ 在分析哲学中，常常是通过某种意义的构造理论来解决问题，而意义是每一种自然语言都有的；也可以是通过二元性或信息的语法和语义之间的关系来解决问题。

④ 此处的"定义"是从广义上讲的。

⑤ 原文为俄语。

二、符号域

在关于符号域研究的大会上，我与几位参会者讨论，要求他们给符号域下一个简洁的定义①。令人惊奇的是，他们的回答百家争鸣。或许列举出其中的一些定义，会饶有趣味。

任何一种符号、有机物、文本或者文化均不能单独存在，总是需要另外一种相对应的符号、有机物、文本或者文化来与其共存。这条原则，洛特曼在界定符号域的时候已经提到过。他最早于 1982 年提出这个概念，受到了维果茨基的"生物域"概念的影响。有关"符号域"的说法，可能最早的记载是洛特曼在 1982 年 3 月 19 日写给鲍里斯·乌斯宾斯基的信中提到的：

> 我在阅读沃尔纳德斯基的理论时，被他的一个论点震惊了。我认为一个文本只有在先有另一个文本时才存在（也就是说，它作为文本被社会认可），任何发达的文化都需要先有另一种发达的文化。我发现维果茨基的思想深深扎根于宇宙地质学的探索经历。只有先存在生命，生命才可以产生，也就是说，需要先存在生命。只有符号域的先行使得信息成为信息。如果没有思维的存在，就不能解释思维的存在。②

由此，我们可以下第一个定义：（1）符号域是（广义的）文本的整体，文本与其他文本一道形成（广义的）文本。

由此，我们可以得出第二个定义，即（2）符号域是（无尽的）阐释网络中形成的任何事物，或者说，（3）符号域是交流的场域，它"在交流中形成"。由此，（4）符号域是符号过程的网络。迪利曾指出："符号学观点是如此，它源于某一个体单一简单的实现，当这种实现不停地用于分析和思考之后，最后会用于现实生活的实践中。这种单一简单的实现是指我们全部经历的整体，均是处在一种符号关系网中。"③"这一类圆圈，可能是界定语言的奇迹。根据这个圆圈，语言学习者从已经存在的语言中自我学习，并提出自身的解释。"④

不仅仅是语言，所有的符号系统的变体皆是如此。（5）符号域是所有相关

---

① 首届符号域研究的国际会议于 2005 年 8 月 22 日—25 日在巴西圣保罗召开。

② Juri M. Lotman. *Pisma*：1940 − 1993. 1997，Moskva：Shkola 'Yazykirusskoj kultury'，pp. 629−630.

③ John Deely. *Basics of Semiotics*. [4th ed.] (Tartu Semiotics Library 4.) 2005，Tartu：Tartu University Press，p. 64.

④ Maurice Merleau−Ponty. "Indirect language and the voices of silence". In：Merleau−Ponty, Maurice，*Signs*. 1964，Evanston：Northwestern University Press，p. 39.

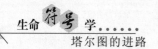
的环境界的集合。任何两种环境界，只要存在交流，都可以看成属于同一符号域。（库尔 1998：305）

还可以列举几个定义。

与（4）基本相同，（6）符号域是符号活动的空间，空间的概念描绘出了符号域的一个重要方面；（7）符号域是意义生成空间；（8）符号域是整体和部分关系的空间。这个概念关注到了符号的关系维度，可以认为符号总是作为部分存在的。

贝特森将信息看成是一种有区分的差异，在传统符号学中使用这一概念，可以得出：（9）符号域是差异产生和形成的空间。这一定义的再定义是：（10）符号域是质的多样性空间。

"网中的多元化"是符号学关注的主要领域。从生物分类到概念的分类，符号域作为一种多元化的空间，能使我们认识到，在相关的多样性的多变过程间存在着同一性。

同一性的存在也假设了破坏它的可能性。因此，可以认为：（11）符号域是一个康复的场域。因为在非符号域内，并不存在着健康、病态甚至破碎的状态。符号域外部不能存在错误。

物理世界显现的是某种单一真理的现实，但是，（12）符号域是多样世界，存在着多重真理。

（13）"对位的二重奏"的总体性形成交流的空间——符号域。西比奥克（2001：164）指出："生物符号学假定了生物圈和符号域的自明的同一性。"[1]（14）符号域是交互符号的整体，是覆盖地球的场域。

三、符号学和物理学

符号域是意义生成的空间，或者说（15）符号域是文化的连续统一体（continuum）。这样的概念有助于比较符号域与非符号域。很明显，大气就是非符号域。同样的道理，符号学家所谓的"纯粹物理"也不是符号域。那么物理空间和符号域的差异究竟在何处呢？

我们有必要将符号学当作一种研究方法，同时作为一种研究对象。除去有关符号过程的符号学研究（包括文化符号学和生物符号学），还存在着一种环境符号学研究，它并不需要研究符号学的本质（比如通过环境的符号学来研究

---

① Thomas A. Sebeok. . "Biosemiotics". In: Cobley, Paul（ed.）, *The Routledge Companion to Semiotics and Linguistics*. 2001, London: Routledge, p. 164.

环境），也就说，这类符号学旨在研究独立于符号本质，万事万物的文本化过程。除去对非符号学的非符号学研究（物理研究中对无意义的研究），也存在着对生物的非符号学研究方法，也就是对组成符号过程对象的研究（包括大部分的生物学和社会的自然科学研究）。

表1　符号学与非符号学研究方法的区分和形成重要科学分类的符号学与非符号学事物

事物/方法论	非符号学（去文本化）的方法	符号学（文本化）的方法
非符号学的（非生命体）	物理学	环境符号学
符号学的第一分界线		
符号学的（生命体）	生物学	生物符号学
符号学的第二分界线		
符号学（语言的）	社会学	文化符号学

这种分类是依据符号活动的性质，这类符号活动会使得现实多样化。那么，结论是：（16）符号域是多元现实的区域（或者说，符号域是几种现实的世界）。然而，多样现实的这种区域和现象，可以描述成属于某种单一现实之下（如物理学的研究方法）。此外，单一现实的场域，也能通过对自身的过程的描绘来投射到多样现实上（如符号学的研究方法）。在这个层面上，我们可以区分四组科学研究形式。

表2　两类世界的现实（一种或几种现实）投射到两类模型
（用单一或者多样化的语言来描述）之上，这是科学划分的基础

世界/模型	非符号学模型	符号学模型
非符号学（无符号过程的世界）	单一现实到单一现实	单一现实到多元现实
符号学（符号过程的世界）	多元现实到单一现实	多元现实到多元现实

约翰·洛克指出所有的人类知识都能区分成三大主要科学形式[①]——伦理学、物理学和符号学。下面来比较一下后面两种。

物理学和符号学，作为两种重要的探寻类型或者说科学类别，提供了两种迥异的描述类型。表3中将比较这两门科学类型。

符号学和物理学均旨在研究世界的一切事物，或者至少可以覆盖一切。于是，它们均作为科学的类型，或者方法、观点。原则上，任何现象均可以从物

---

① 约翰·洛克已经使用了"科学类别"的术语。

理学和符号学的角度来解释。

在表3中，很明显，符号学和物理学均是方法论。我们通过两种独立的观点，或者说两套方法来研究世界。二者最重要的差异在于，物理现实的存在是独一无二的，我们可以通过不停重复来求证，而符号现实的存在是多样的，我们需要将这些不同符号世界作为独特的个体来研究。

我们可以研究某种有机物的物理性质，同样也可以选择研究某种有机物的符号性质。前者关涉多方面性质，比如力学、动力学和化学，但唯独不表意；后者是关于符号空间的研究，研究的是意义生成的空间。

物理学和符号学均是做预测，但是两种方法论做预测的方法是有本质差异的。物理学的预测是定量的，要么是决定论，要么是或然率的或者统计学的。而符号学的预测是定质的。例如，若我们研究某个正在创作之中的文本，可能会从科学的角度去预测下一个出现的词语。假若是物理学的研究方法，可能会通过语言之中的邻接字符的相互关系来做出预测，这样就能计算出下一个字符的统计学概率。符号学研究关注的是表达的可能含义，在纯粹定性的层面预测下一个词语。

表3 两类科学研究类型（物理研究和符号研究）间的关系

	物理学	符号学
研究领域	自然科学	意义科学
	定量研究	多元定质研究
	物理生态学	符号生态学
	生物物理学	生物符号学
研究对象（模型）	物理空间	符号域
	非文本的或者去文本化	文本的或者文本化的
	事件和相互关系	符号和符号过程①
	定律	符码，习惯
	转换	翻译，解释
	定量	多元定质
	多元对象	独特对象
	非生物的世界	生物世界

① 或者是对象。

	物理学	符号学
对象（模型）的特性	可共量性	不可共量性
	不独立语境	独立语境
	无谬论	可谬论
研究方法	测量方法	定质方法
	实验	经验
	从外部	从内部
	独立研究者	参与式
	化约主义	整体论，模仿论①
	数据测试	比较
真理/事实	单一	多元

谈到此种语境下的环境和生态学，我们可以注意到，很明显，生态学是双重的。根据现代科学模式，生态学是一种自然科学，包含着内在系统，自身无内在价值和意义，关注的是环境的定量研究领域。第二种生态学是一种包含意义和价值的生态学，它包括生态哲学、生物符号学和符号生态学。第一种生态学是物理学或者生物物理学的分支，第二种生态学是符号学的分支。迪利指出：符号域是一种基本的后现代研究方法概念。②

环境，作为一种物理学的概念，与符号域不同。若我们把生态域作为一种符号的概念来谈，情况又是完全不一样的。根据生物符号学的观点，符号域与生态域是相一致的。由此，在自然、文化不互相对立的条件下，存在着一个概念，可以处理环境问题。然而，这些环境问题需要通过符号系统的具体特性来描述。

乌克斯库尔提出环境界的概念，这个概念与符号域相近。也可以重新下定义：环境界是一种个体的符号空间。因此对环境界研究是符号学研究，与之平行的是相同环境的物理学研究，这类研究是不关注意义的生成问题的。

当然这个问题要复杂得多。因为我们可以区分物理学的事物和符号学的事物，物理学的和符号学的研究方法，以及物理学和符号学的模型以及知识。

若我们从模型或者知识的层面，将符号域看成是一种属于符号学研究的概

---

① 罗斯在 1999 年已经提出"模仿说是一种反还原论的研究方法"。

② 洛特曼 2002 年的著作支持这一论断。

念或者模型的话，很显然，任何符号学知识扩充到的领域均可以称为符号域。同样，任何与物理学研究相关的空间也可以从符号学的角度去认识和文本化，物理世界的模型可以看成是符号模型的特殊例子。

从方法论的层面说，我们会发现物理学的研究方法是很难发现意义的。要发现意义，我们需要符号学的研究方法，物理学的研究方法无法做到（甚至，物理学方法也没有必要发现意义）。由此，符号域是一种创造，或者是一种符号学方法的建构。

若考虑到符号域不仅仅是理论或者方法的建造，也就是说意义是独立于人类的描述而生成的，那么符号域应当同样存在于万事万物中。

有不同之处，符号域才能形成。区分差异的能力，在某种程度上，也是一种方法。只有那种至少使用两套符码，掌握两种语言的人，才能成为符号世界即符号域的一部分。

四、多样性

简而言之，符号域是多样性的空间①。也就是说，符号域是异质的空间（或者交流的媒介），它使得定性的变化出现、融合并保持。多样性是一种关系间的现象，由此，它是建立在交流和能够区分的基础之上的。

多样性可以看成是符号学的核心概念。符号学，可以界定为一门定性多样性研究的学科，与物理学的定量研究相对立。

多样性意味着不可化约的差异的存在，缺少一种一般性的相互转化的方法。由此，多样性也暗含着某种不可变换或者是不可变量性。

这直接导致了一个相当悖论的定义：（17）符号域是一种不可译的交流空间。符号学成了一门研究不可译的学科。②

举个例子，大多数有机物不可能对生存这一问题感兴趣，尽管它们的实际行为表现出来有一些兴趣。这是因为除去人类，大多数的有机物都无法获悉自身的死亡。有机物有很多需求，很多动物都有情绪等等，这些组成了它们的兴趣。有机物之间正是依靠这些定性的不同的兴趣（如觅食、求偶、避敌等）来相互区分。然而，很明显，对生存的兴趣是通过模型来建构的，大多数有机物自身意识不到。提出对生存的一般兴趣的存在和相对应的生存的一般措施，如

---

① 参见上文第10条定义。
② 洛特曼指出："不可译的翻译携带着最高价值的信息""符号空间是作为一种不同文本的多层次覆盖出现的，是作为多种可译性和不可译的空间的多层次重叠出现的"。

给健康定量，是很典型的例子，即物理学研究方法是如何转移和如何移除性质上的多样性的。

为了交流，参与者不仅需要共享符号域，而且更重要的是，他们的符号空间在很多方面需要相似。在参与者经常性的交流中，相似性呈现出一种不停增长的趋势。

这里有一个悖论存在，多样性作为交流的产物，同时它也会由于过度的交流而受到损害。交流能使得环境界更加相似，过度的交流会引起许多生态问题。这些生态问题导致世界的同质化和多样性的丧失。这是生物社群和文化中的例子：

"一方面，文化间的交流使得文化趋同，但是过度的交流也会威胁到多元性和同一性；另一方面，文化差异不仅仅是历史机遇和独立发展的产物。差异性和同一性本身就是极好的交际的源起，所以文化的多样性可以看成是对话的结果。"①

众所周知，由于加深了对生态网和再生循环的生态学理解，人类面对许多有关环境、消费和垃圾的一般习性，出现了方法和价值的转向。同样的，对于符号域的符号学理解的发展，也使得人类对文化行为中许多习惯的认知出现转向。这些可能是多样性和差异性评价的转向，由此，也是对交流场域自身评价的转向②。

（Kull, Kalevi. Semioshere and a dual ecology: paradoxes of communication. *Sign Systems Studies* 33.1, 2005, 175−189.）

---

① Mihhail Lotman, Peeter Torop, Kalevi Kull. "Dialogue and identity". In Puronas, Vytautas; Skirgailiene, Violeta (eds.), *Globalization, Europe and Regional Identity*. 2004, Vilnius: Lithuanian Academy of Sciences, p. 143.

② 致谢：感谢艾琳·马查多和她的同事在圣保罗的符号学小组中提出本论文关注的问题。感谢西尔维娅·萨鲁佩尔和里斯泰·斯特凡洛夫以及安德烈·鲁雷的评论和修改。

符号生态学：符号域中的不同自然

卡莱维·库尔著　彭佳译

他被所有的生命形式所围绕着。

——歌德

"自然！……我们居住在其间，却对她知之甚少。我们不断地向她诉说，探求着她的奥秘。"① 这是托布勒（G. C. Tobler）于 1781 年拜访歌德后写下的散文断章《自然》中的句子。自然可以述说，即自然具有可交流的特点，这个看法在浪漫主义中非常普遍，谢林也曾经表达过这样的观点。

浪漫主义之后的两个世纪以来，② 为了将自己从奥秘（Geheimnis）中解放出来，我们发明科学调查的精密方法，并且将这种方法广泛地付诸实践。但我们仍然对自然知之甚少，而且很可能，这种所知甚少的程度在加深。我们也没有获得和它进行交流的能力，或者说，我们和它的交流都是病理学意义上的。又或者，如许多当代的自然科学家所假设的，人与自然之间的交流只不过是一个比喻罢了。霍夫梅耶（J. Hoffmeyer）对此做出了很好的描述："在'生态剧院'中发生的进化，就像哈钦森（G. E. Hutchinson）所说的，意味着进化总是共同的。但是，新达尔文传统中的共同进化，以及作为标准例证的红皇后假说，总是被当成军备竞赛式的问题，它暗指着，进化就是和'外在'的某物的竞争。当然，它有时或许会是一个典型模式，但更可能的是，在大多数情况下，它只是一种拙劣的模仿。"③

---

① Johann Wolfgang Goethe, *Schriften zur Naturwissenschaft*：*Auswahl*, Michael Bohler ed., Stutgatt：Philipp Reclam jun, 1977, p. 29.

② 有的看法认为，在包括爱沙尼亚在内的波罗的海诸国中，由于农业文化的延续和对土地的传统使用方式，在某种程度上，浪漫主义一直持续到 20 世纪初。索尔·冯·乌克斯库尔（Thure von Uexkull）认为，这就是这些地区对自然持有强烈的非达尔文式观点的原因。

③ Jesper Hoffmeyer, "Biosemiotics：Towards a new synthesis in biology", *European Journal for Semiotic Studies*, 1998, 9（2）, pp. 355－376.

自然的概念本身就是某种对立的结果。在不同情况下，建立人类和自然之关系的进一步二元对立的方法有许多种：人们用各种方式界定或者说割裂了自然。

让我们从一个例子开始，来说明对人与自然之关系的看法。

"当人类学家列维－斯特劳斯被问及他对人与自然之间理想平衡的看法时，他建议道，任何人都可能用自己的方法来回答这个问题。他说，一开始，你要想象一个世界之于另一个世界的极端优势条件。接下来，问问看在你自己的经验中，在这两个极端之间需要什么条件才能达到恰当的平衡。"列维－斯特劳斯发现，这两个极端就是印度和亚马逊丛林。"他的结论是，在他的故乡法国本土可以找到这种理想的平衡，它存在于以农业为主的地区，城镇密集而紧凑，占地尽可能少，但其间密布着健康而和谐的人类社区。在乡下，拥有土地的农场主照管着小块的农田，农田的边缘是灌木篱墙……"① 是的，灌木篱墙——自然去哪儿了？

"事实上，如果对和自然的理想关系的表达是真的存在，自然就必须被放在理想化的状态中来看待。"② 如果这意味着，和未经理想化的自然（即天然状态下的自然、荒野）达成理想关系是不可能的，那么，它就极大地局限了环保运动和生态理想的构想。

生态学传授着这样的看法：人类这一物种及其文化是整个生态系统的一部分，这个生态系统有着它的生产者和元素圈，人类不可能脱离生态系统；这一看法强调了某种由奥德姆（E. P. Odum）提出的整体论。由此，生态学作为对生态系统中的物质过程的描述，可以展示碳、氮或磷的不平衡，可以模拟人口动力，并为渔业和资源管理提供合适的比率数据。它可以为如何发展生态技术、如何以更有效的方式保护物种和群落出谋划策。

但是，（作为自然科学知识的）生态知识在原则上对解决很多生态问题而言是不够的，它不能解决当代文化中的环境问题，尽管我们显然都知道，为什么世界上存活的物种在减少，而人口在增加，为什么堆积如山的废品从后院蔓延到了海洋深处以及空气的上层。我猜想，这不仅是因为要回答这些问题，我们除了具备生态过程的知识之外，还要理解人类的行为，还因为，人类和自然之关系的符号学方面也是极其重要的，而这方面没有得到充分的思考和理解。

① Norman Crowe, *Nature and the Idea of a Man－made World：An Investigation into the Evolutionary Roots of Form and Order In the Built Environment*, Cambridge：The MIT Press, 1998, pp. 8—9.

② Ibid, p. 14.

人类和自然之间的关系，是通过深层的文化过程相连接的。一个可能的例子就是复活节岛上的原始社会：为了建立宗教象征、塑造石像，人们破坏了岛上的森林，文化也由此衰退。我们不仅在建构对自然的理解，也在建构周围的自然本身。

包围着环境界和内在世界的生态过程和垃圾场，它们真正的领域是符号域。因此，如果人们对于是符号机制对自然在不同文化中的位置起着决定性的作用缺乏理解的话，就不大可能解决许多严重的环境问题，并且无法在自然中为文化找到稳定的位置。

在本文中，我试图区分生态符号学或者说符号生态学的特性，描述和澄清它的主要问题，并引入几个它所特有的概念。

本文认为，当人们以符号学的眼光，对生态知识和我们所知道的文化的深层过程进行思考时，可以得出这样的结论：当我们住在自然之中，就无法不建立二度自然（second nature），以取代一度自然（first nature），这是任何生态意识，任何建立生态社会的希望或尝试都无法避免的。在最好的情况下，我们可以使变化减慢一些，这样做或许能减少一些对生物多样性的危害，但是，无论如何，我们都赋予了自然一副人类的面容。意识到这一点，就有可能至少在理论上建构一个就符号学而言可持续的世界，而这是以生态的符号化为预设前提的。

对生态符号学的定义

尽管在 1997 年于瓜达拉哈拉（墨西哥）举行的第六届世界符号学会议上，以及最近在塔尔图的会议上[①]都使用了这个词，但"生态符号学"这个术语（以及"生态的符号学"ecological semiotics，"符号生态学"semiotic ecology）还没有出现在如西比奥克（T. A. Sebeok）、约翰·迪利（John Deely）的教科书或评论中。在《自然和文化的符号理论基础指南》的第一册中，可以看到英文（environmentl semiosis）和德文（Okosemiose）的"环境符号过程"一词。霍夫梅耶也以"生态—符号学"（eco-semiotic）的形式来使用这一术语。

诺特（W. Noth）发表于 1996 年的文章，显然是第一个创造这一术语并

---

① 1998 年 5 月，在由奥胡斯大学（Aarhus University）的人类学系、塔尔图大学（Tartu University）和乌克斯库尔中心于爱沙尼亚合办的北欧环境人类学工作坊上，对环境使用的生态符号学考察是其主题之一。

并对它进行定义的论文。《符号学期刊》（*Zeitschrift fur Semiotik*）同一期的几篇文章对诺特的论文进行了讨论。但是，它们并非第一篇引入符号生态学概念的著述。早在十五年之前，莫斯科的理论生物学派就试图建立符号生态学，并和他们联合工作的圣彼得堡和塔尔图的同事讨论了这些想法。[①] 有几部出版物都对人类生态的某些符号学方面作出了思考[②]，还有更多的出版物对人类和自然之关系的符号学进行了发展，尽管它们没有直接使用符号学的术语[③]。

在本文中，我想用和诺特稍有区别的方法来为生态符号学提出定义，用一种可以使生物符号学和生态符号学得以区别的方法，对他的概念加以发展。这么做有两个主要原因（尽管大体上，我认为讨论科学学科的意义和名称是没什么意义的：为科学，比如生物学，划定界限并非我们的传统做法，我们所做的，是为这些领域发现的规律制定适用性的范畴）：

1. 根据诺特提出的定义，在很多情况下，生态符号学和生物符号学，或者说乌克斯库尔的环境界学说之间的分界并不是很清楚。

诺特以生态符号学的名义囊括了所有生命体，包括人类和非人类，与环境互动的符号学方面，其中也包括了内环境符号学，即认为环境也可以是内机体（intraorganismic）的。在这个意义上，诺特的术语包含了生物符号学在最近十年的发展中建立起来的领域，由此，生态符号学就成为了生物符号学的同义词。

2. 第二个原因是，我相信生态符号学可能成为一个很大的、重要的研究领域，并具有相当程度的实际应用。这就是主体性的人类生态学（这里的"主体性"意义是乌克斯库尔所赋予的），或者换言之，是人类生态学朝符号学的延伸，是符号学视角的人类生态学。

但是，正如诺特也指出的那样，"譬如，索绪尔那种人类中心的符号学就是一种不具有任何生态符号视角的符号学。……这样一种语言中心的符号活动研究方案，对于关于有机体及其环境符号活动相互作用过程中，生态决定因素

---

① 需要指出的是，在塔尔图大学，第一次开设生态符号学课程的时间是 1998 年，而生物符号学课程在 1993 年就成了常设的课程。

② 如 Alf Hornborg, "Ecology as semiotics: Outlines of a contextualist paradigm for human ecology", *Nature and Society: Anthropological Perspectives*, Philippe Descola and Gisli Pálsson (eds.) London: Routledge, 1996, pp. 45 – 62; Hauser, Susanne. "Repräsentationen der Natur und Umweltmodelle", *Zeitschrift für Semiotik* 18 (1), 1996, pp. 83-92.

③ 如 Larsen, Svend Erik and Grgas, Stipe (eds.), *The Construction of Nature: A Discursive Strategy in Modern European Thought*. Odense: Odense University Press, 1994.

研究的众多看法，注定会产生阻挠"①。的确，似乎有一个领域还未被生物符号学、人类符号学或文化符号学所覆盖。但是，如果我们从广义上理解"语言"和"语言学"，索绪尔所认为的，我们所认识的一切都经过语言过滤的看法，或许仍然是可以接受的。

在约翰·迪利的论述中，也可以清楚地看到建立生态符号学的需要："人类文化域具有自动性，但和超越性一样，这种自动性只是相对的，它只是靠整合和依赖于与其他生物形式组成一个更大的、相互依靠的网络，即生物符号过程而取得的。在符号过程上，对这个更大的网络的理解，决定了文化符号学这个部分的全部任务。"②

我们可以将生态学视为一个宏伟的计划，它显示和解释了人类社会实际上只代表了生态系统和生物域的一个组成部分，人类只是所有植物、动物、微生物和地球的生态圈中的消费者之一。从这个意义而言，它旨在消除人类和自然的两分性。

在某些方面，符号学是和这一生态学的计划相似的：它也可以被视为一个宏伟的计划，通过展示包含在符号域中的、所有解释的主要和次要过程之三元本质，将人们从思维和物的两分性中解放出来。

生物学会进入符号学，这并不令人吃惊，因为"生物学是对两分性的主要威胁，它自己就包含了一个从有机化学到人类的、或多或少具有延续性的范畴"③。此外，在符号学中，我们将乌克斯库尔环境界的生物学概念当作工具，把符号域的概念延伸至了非人类生命体的领域。霍夫梅耶认为："生物学家通常试着让人们接近自然。我将要用相反的策略，使自然来接近人类。"④ 但是，将符号学方法运用于生物学或生态学，这和将数学或物理方法运用于生命科学极为不同。符号生物学和符号生态学意味着，我们越过了自然科学的限制，我们所得到的，或者说我们所需要的，是拓展了的生物学，和拓展了的生态学。

为了描述生物符号学的范畴，霍夫梅耶建立了一个包含文化、外部自然和内部自然的三角模式。他认为，文化和内部自然的关系是心身医学的领域，内

---

① Winfried Noth, "Ecosemiotics", *Sign Systems Studies* 1998，26，pp. 332－343.

② John Deely, Basics of Semiotics, Bloomington: Indiana University Press, 1990, p. 7.

③ Fredrik Stjenfelt, "Categorical perception as a general prerequisite to the formation of signs? On the biological range of a deep semiotic problem in Hjelmslev's as well as Peirce's semiotics", *Biosemiotics: The Semiotic Web* 1991, Thomas A. Seabeok and Jean Umiker－Sebeok eds, Berlin: Monton de Gruyter, 1992, p. 427.

④ Jesper Hoffmeyer, *Signs of Meaning in the Universe*, Bloomington: Indiana University Press, 1996, p. 24.

部自然和外部自然的关系是生物符号学的领地，而文化与外部自然的关系是环境域（environmental sphere），也可以被称为生态符号学的领域。（见图 1）

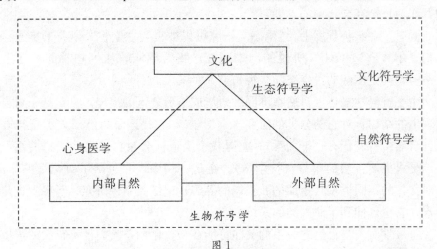

图 1

图 1 定义了生态符号学领域和生物符号学、心身医学的关系。我们说的内部自然是指生物学上的生命体，而外部自然指所有的生命、非生命的环境。

生物符号学被定义为，将生命系统作为符号系统而进行的探索，符号的存在起源成为它探讨范围内的一个问题。它观察的是生命中的符号过程，即在精神（意识）生命之外存在着什么，这比人类生命要广阔得多。它假设，符号学的门槛是靠近生命起源的。

生态符号学可以被定义为，研究自然和文化之关系的符号学。它包括了，研究自然和地方之于人类的角色，即自然现在和一直以来对我们人类来说的意义是什么，以及我们是如何、在何种程度上与自然交流的。生态符号学处理的是人类及其自然环境，或者说人类在生态系统中的符号过程。在这方面，它可以和民族学以及研究人与自然关系的社会学相关，也和环境心理学、环境人类学相关。不过，尽管环境人类学具有生态符号学的性质，但它更多的是处理问题的比较研究方面，而非符号学方面。

生态符号学和生物符号学相当不同。生态符号学可以被视为文化符号学的一部分，它考察的是人和具有符号过程（经过符号调节）基础的自然之间的关系，而生物符号学和文化符号学领域是不同的。但是，生态符号学和生物符号学都从符号学的视角，对自然进行研究。

霍夫梅耶对生物交流中的垂直轴与水平轴做出了区分。他将垂直轴等同于进化谱系的符号过程（或者说基因和进化之维），而将水平交流等同于生态符号过程。这可以被视为将生物符号学看作聚合轴，而将生态符号学看作组合轴。但是，我所解释的生态符号学，应该也把自然和文化关系的历史包括在内，作为自然在文化中的发展。

同时，在某种程度上，"生态"研究可以被视为"生物"研究的推进。就如梅里尔（F. Merrell）所说的："现在，我希望能够从生物学的关注上走开……走向更广阔的'生态学'视角。"①

生态符号学描述了自然在不同的语境或情形之下的出现。它包括了对自然呈现出的结构、对它的分类的研究（符形学）；它描述了自然对人类意味着什么，自然中有着什么（符义学）；它寻找个人或社会对自然之构成的关系，这可以是人类对自然的参与（符用学）。在这一切中，它包括了对记忆的作用，和对文化的不同类型（短期的、长期的等等）记忆关系的研究。考虑到进化的因素，它也延伸到了非人类的系统。

符号学对人与自然之关系的关注可能在于，比如，人们评价自然的语境依赖性，和人们在看待自然、理解自然上的差别。同样，它也关注人在自然中的行为特征，这指的是当人们住在森林里，或者是在林间散步，或是在电视上看到自然，读到、谈到和梦见自然的时候。当然，它也关心自然如何形成，人们如何使用人类（语言的、美学的等等）方式对环境进行设计和建造。

人与自然之功能圈的影响

我们对自然的认知，即使在最好的情况下，也并非自然本身：这不仅是因为我们所获得的一切都是经由个体的环境界而得到的，还因为符号过程一直以来都在、现在也在持续地创造二度自然，而这是通过改变自然本身做到的。结果是，自然的变化如此之大，以致我们所了解的自然几乎完全是二度或三度的自然了。这就是符号过程的基本特征：改变、利用、控制、发生影响、建造他者。

在这里，我们会提到，德里达是如何看待卢梭对自然和文化的研究的。"卢梭一开始将自然视为一个原始的阶段，简单的人类社会幸福地生活在其间，然后人类给自然加上了文化的复杂性。文化被加诸自然之上，并取代了后者，但是德里达争论说，每次卢梭使用自然这个词的时候，他都是从被文化所改变

① Floyd Merrell, *Signs Grow*: *Semiosis and Life Process*, Toronto: University of Toronto Press, 1996, p. 269.

了的自然，或者说实际上，是从自然和文化的两极来描述自然的，在这个两极之间，自然被认为是较之于文化的更好的状态。由此，自然成为某种从来不是纯自然状态之物。"

由于感知和行为是相互依靠的，人们感知自然的方式也会影响和产生环境问题。以下是这一现象的几个方面。

1. 辨认和控制。辨认，以及作为其结果的分类（范畴化），往往会控制被辨认出的对象。在生命体的环境界中，所有被辨认出的对象都会被使用或者利用，下一步则是被控制。这就意味着生命体会自动地、不可避免地、必然地改变自然。

生命体不能使用它无法辨认的对象。要用棕毛做绳子，要先能认出棕榈树才行。如果附近的棕榈树很稀少，那么，使用它就会导致它的数量下降。由此，辨认就导致了自然中的变化。由此，较之于它的原生地区，棕榈树的地区分布被极大地改变了，至少在北欧是如此。

捕食性动物和有用的植物物种会受到人类活动的影响，这是显而易见的。但更有趣的是，我们要注意到，被认为是稀有的、由此受到保护的物种，也可能因为这种态度，而在数量上有所改变。因此，即使是自然保护，在某种程度上也会改变自然，尽管这种改变是相当温和的。在关于物种（包括许多小型物种，如那些引起疾病的物种）及其行为方式的生物知识发展的过程中，它们的数量也或多或少地受到了精确的控制。

2. 去语境化（decontextualisation）。对对象的辨认，至少在某种程度上将其去语境化了。人们能够自动地移植一个有用物种的标本，这就意味着，这些标本从它们原有的生物群落中被移走，从和其他物种的许多关联中被移走，而新的生长地是没有这些物种的。在建造（人工的）生态系统时，比如，建造田野或公园时，人们常常会种植外来的、非原生的植物。因此，这些地区的物种可能会遇到以前从未经历过的、和其他物种的新关系。这些植物从它们进化的语境中被拿走。如托普森（J. N. Thompson）所评论的："对自然群落的破坏所带来的真正悲剧是，群落所特化的、得以高度共同进化的互动永远地消失了。这些互动是那些很可能消失得最快的物种之间的关系，而它们就是最能告诉我们特定的互动方式之进化结果的物种。……如果最为特化的互动消失了，或者失去了它们形成的群落语境，那么（它们进化的详细模式）就将只是一个未能验证的学术演习。"① 一个去语境化行为的典型例子就是杂草，其主要生长地具有限制它数量的（符号）控制，而在新的生长地区，则没有这种控制。

3. 行为和再模塑（形成）。生命体的行为总是取决于形式和生命体（一个人）获取的形象，并受其支配。行为并不是按照环境的整个结构和关系网络而进行的，而是将其片面化，忽略其中的许多方面。结果是，行为改变了环境，使它与人类自己的表现更为相似。

4. 对立和减少。辨认就意味着区分的能力，这种区分在简单的情况下，就是两极对立。区分（两极对立）往往意味着，用特定部分的重要性取代整体重要性。比如，对自然和文化的区别，它使得我们认为文化和自然中的过程是彼此分离的，单独的文化过程或自然过程比两者的整体要重要得多。

5. 理解和去价值化（devaluation）。对一个现象机制的理解往往会抽离这个现象原有的价值。这能够被解释为对象的去语境化。

6. 自我化（selfing）和价值化（valuation）。将一个现象纳入自我，往往就会赋予这个现象以价值。自我的界限可能差异很大，比如，它可以仅仅包括一个人的身体或是住所，或是家庭，或者国家（祖国），或者盖娅。

人与自然的符号方面，或许也包括将物种分为有用的和危险的、熟悉的和陌生的（或者有时分级更为复杂）。这里，民族的分类法可以提供很多例子（因此，民族生物学的很多研究正好为生态符号学提出了问题）。人们将沿着相似的脉络而发展的植物分为庄稼和野草，而将动物分为驯化的和野生的。

从上面的列表可以看到，对自然的感知已经产生了问题。因此，并不是如怀特（L. White）所说的，只有犹太教和基督教的信仰才是生态危机的根源。生态危机的原因更为深入地存在于人类行为和理解的主要特征之中，其间，自然变得更为机械化，也变得更加有生命力。

多重自然

经院哲学家们已经区分了一度和二度的自然；二度自然是由人类的理解而

---

① John N. Thompson, *The Coevolutionary Process*, Chicago: The University of Chicago Press, 1994, p. 292.

建立的自然。① 之后，黑格尔也做出了同样的区分。② 在这里，重要的一点是，自然不是独一无二的，不是单一的，而是多重的。

乌克斯库尔和他的环境界概念强调，每个生命体都有自己的、与其他生命体不同的主体环境，在不同的动物物种中，这种差异可能会很大。但是，我要描述的并非这个方面，在这里，我要讨论的是在一个环境界（尤其是人类的环境界）中，或者符号域中的概念区别。

作为人类影响的结果，人类环境界中的自然可以分为一度、二度和三度的自然。此外，我们认为，外在于环境界的自然，可以被称为零度自然（zero nature）。零度自然是自然本身（如绝对的荒野③）。一度自然（first nature）是我们所看到、认出、描述和解释的自然。二度自然（second nature）是我们从物质上解释的自然，是从物质上翻译的自然，即被改变了的自然，被生产出来的自然。三度自然（third nature）是头脑中的自然，存在于艺术和科学中。

零度自然被视为是自我变化着的，是客观的自然本身，是"外部"（或者"就在那儿"）的。一度自然是我们因着（或者说多亏了）语言而拥有的自然，是经过语言（或者符号）过滤的自然。这就好比是把零度自然翻译为我们的认知；它同时也是自然示于我们的形象，不管是神话式的、社会性的，或者科学性的。二度自然可以被视为将一度自然翻译回零度自然，是通过我们的参与而被改变的自然，是被操作的自然。而三度自然是解释之解释，翻译之翻译，自然的形象之形象。

零度自然，至少在它具有生命力的时候，是通过本体的符号过程，或者用约翰·迪利的话来说，是通过生理符号过程而改变的。一度自然经过了人类符号过程、我们的社会和个人知识中的解释的过滤。它是范畴化的自然。二度自然作为"物质过程"的结果而变化，是以真正的符号翻译形式进行的"物质翻译"，因为它和零度以及一度（或者说三度）自然相互关联，在想象性的自然之基础上控制着零度自然。三度自然是纯粹理论性或者艺术上的、非天然的、与自然相似的自然，它借由二度自然的帮助而建立在一度自然（或者三度自

---

① 参见 Norman Crowe, *Nature and the Idea of a Man-made World: An Investigation into the Evolutionary Roots of Form and Order In the Built Environment*, Cambridge: The MIT Press, 1997, p. 3.

② 参见 Neil Smith, "The production of nature", *Future Natural: Nature, Science, Culture*, George Robertson etc. eds., London: Routledge, 1996, p. 49.

③ 绝对的荒野，显而易见，就是未经人类接触的自然，在纯粹的意义上，甚至是不为人类所知的。我们无法对其进行描述，至少是无法用科学、正确的语言对其进行描述。

然）本身的基础上。

从"零度"到"三度"，这些词语虽然是任意的，但选择它们，是和"二度自然"被赋予的、广为人知的意义相应的。沃克（Mckenzie Wark）以相似的发展方式，也提出了要使用"三度自然"这一术语："二度自然，在我们看来，就是城市、道路、港口和羊毛制品商店的布局，它越来越被信息浪潮的三度自然所覆盖，创造出了信息风景，它几乎完全覆盖了旧有的地域。……如果说文化的社会关系之性质变化有什么称得上是后现代的，那么可能这就是吧。"①

现在，我正在爱沙尼亚南部森林中的夏季小屋的开放阳台上写作，比起瓦尔登湖来，这个地方更为远离城镇和公路，但这里也有着四重自然。在每一片叶子中，在树林后面的森林中，在生长着蚯蚓的土壤中，零度自然都存在着。一度自然是我看到的所有绿色植物，歌唱的鸟儿、蜻蜓，以及在阳台顶角落里的大蜘蛛。二度自然是我们的整个花园，桑拿浴房，还有森林的许多部分，因为我知道它是在几乎六十年前废弃的牧场和草地上生长起来的；而且，在这片森林中，为了让其他树木有更多的生长空间，一些树被砍掉了。三度自然存在于我的手提电脑的显示屏上，在我的理论建构中，以及我女儿正在阅读的书中。

在人类环境界的发展过程中，符号域和生物域中零度和一度自然的部分不可避免地减少了，失去荒野的原因和知识发展的法则一样深奥。二度自然是不可能在一个空白的空间中建设起来的。

建设二度自然，大致上就意味着人们将某种模式，甚至可以说，将某种普遍的语言模式运用于自然。在公园建筑和花园设计中，这一点尤为明显。当我们想到用于描述花园的词语时，很容易就会看到证据。草坪是平整的，由同种植物构成的，它们全都是青草，几乎没有非青草类的植物。花朵必须是彩色的：不管是显眼的一小片单种花，还是由嫩芽长出的大型花朵都是如此。灌木或者树木的枝条是干燥而非湿润的，而且，它们的树冠相互缠绕。在灌木丛中间或者上方，不应该长着大型的草本植物。这些"秩序"规则，或者说与之相似的规则，可以看作是属于（或者来自于）园艺学校的某些传统。但是，即使没有某个特别的学校的教条，这些规则也总是将理想化的形式应用于自然，因此，这里头可能还有着更为深层次的原因。也就是说，这样的规则源于对自然片面性的描述，源于语言化的自然，它受到普遍的感知和行为机制，即功能圈

① Mckenzie Wark, "Third Nature", *Cultural Studies*, 1994, 8 (1), p. 20.

的限制。

四重自然（从零度到三度）之间的逻辑关系可以被描述为，通过简单的组合学来处理自然及其形象（建构，或是图示）之间的（创造）过程：

  0. *零度自然是从自然而来的自然*（nature from nature）

  1. *一度自然是从自然而来的形象*（image from nature）

  2. *二度自然是从形象而来的自然*（nature from image）

  3. *三度自然是从形象而来的形象*（image from image）

它们之间的关系也可以用下图表示：

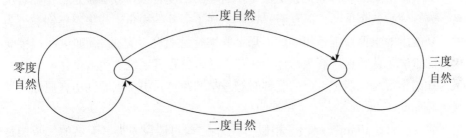

图 2　产生零度、一度、二度、三度自然的过程

这四重自然都是自然科学话语中的一部分。零度自然是生物学家想要描述的，一度自然是他们的感知和做出的描述，二度自然是他们实验室中的自然，三度自然是他们的论文和模型中得出的自然。但是，在所有的情况下，我都假定自然是不同过程的复合体，而不是一个模式。

在某种程度上来说这是微不足道的，但是，如果不注意到这一点，科学家们就常常会被误导。比方说，当欧洲的田野生物学家在描述他们所谓的自然时，主要处理的都是二度自然，因为基本上他们国家中的所有风景和生态系统都已经是二度的，是由文化设计，或是受其影响的。这不仅是指那些所谓的半天然的群落，如草坪和"未耕作的"牧场，还包括由人们播种或种植、间伐、施肥和改良的森林，被污染或净化的水体，以及被收割或保护的种群。结果就是，对生态各个方面的科学论述描述的是表面的人类和文化，经常忽略甚至没有真正意识到这一点（或者说没有意识到二度自然的程度）。现存生物群落（如果从管理引起的最近的大变化、从人工建种密度的显著变化来衡量）的平均存活年限是很短的，常常只有几十年，很少有能够长达几个世纪的，而生物的多样性直接有赖于群落年限以及种群结构、物种关系，和过渡中的元素圈。要辨认出自然中的文化并不容易，它要求生物学家具有非常丰富的经验，但如果不能做到这一点，得出的结论或许就是个假象。

零度到三度的自然，可以被视为对调节、描述、实验（技术）、理论科学四个步骤（类型）的区分。我们可以看到，这里所说的，一方面是科学的发展阶段，另一方面是不同的自然。由理论生物学家描述的自然或许不会和由描述性的自然学家描绘的自然相同。

图2的一个显著特征就是，它和乌克斯库尔所示范和描述的功能圈图示是同形的。在功能圈图形中，1就意味着感觉世界（Merkwelt），2则是实际行为世界（Wirkwelt），3是内部世界（Innenwelt）；1和2加起来就是环境界（Umwelt）；0则是作为康德所说的物自身（Ding an Sich）的自然。

如果我们要问，鸟巢是否能被看作是鸟的二度自然，或者说是否存在着从鸟（或蜜蜂）的角度而言的荒野，这就出现了另外的视角。如果（感知和行为的）功能圈的主要原则是相同的，那么答案往往就是"是的"。如果我们接受这样的看法，认为在所有生命体中都存在学习过程（系统发生或个体发生的），认为在细胞行为（假定生命的开端时符号学的边界）中可以看到语言属性，那就更是如此。

普兰特（S. Plant）提出了相似的看法："既可以说人类'天然的'智能是'人造的'和被建构的，这是就人类智能器官在学习、发展和开发自身的潜能时变异了这一意义而言的；也可以说，只要'人工'智能在继续大脑的工作程序，在发展的同时有效地进行学习，它就是'自然的'。无论哪种说法，自然和人工之间的区别都被瓦解了。"[①]

尽管可能存在着双重的二度自然（如由认知机器人的行为改变的自然），这些例子还是显示出，在我们将符号性的特征延伸至所有生命之后，需要将符号性的概念再向前推进。如果说，符号过程始于生命这一论断是真的、可接受的，它也并不意味着，在生物符号过程和人类符号过程之间没有差异。人类的语言和设计仍然和地球上的其他生物有所不同，不过，要发现这些不同并不容易。

对待自然的方法

一般而言，人类有两种对待有生命的自然的基本方法，这取决于是要把自然排除在自身之外，还是将其纳入自身。使用第一种方法，人类就会试着在住

---

① Sadie Plant，"The virtual complexity of culture"，George Robertson etc. eds.，London：Routledge，1996，p. 205.

地附近把野生动植物都驱赶出去。使用第二种方法，人类就会试图和动植物一起生活。第一种方法催生了文化荒原，和受到严格保护的荒野保护区，第二种方法则产生了半自然的生态系统和花园。当然，从建造二度自然的意义上来说，这两种方法都改变了自然，但是，它们是两种极为不同的策略，可以分别被称为"力量达成的平衡"（balance through power）和"谦逊达成的平衡"（balance through humility）。

在这里，我们要举出几个例子，来说明人类对待小动物的态度。

1. 当蚊子叮咬我们的时候，我们通常会用手把它打死。在我们的家里、在我们居住的封闭的房间里，这么做是有意义的，因为这就减少了我们再次被叮咬的可能。打死停在我们腿上或脸上的昆虫，这是一个习惯。但是，如果我们在野外，比如说，在树林里散步的时候这么做，就完全没有意义了。树林里的昆虫如此之多，打死一只叮人的昆虫，不会减少被再叮咬的可能性。当我们身处动物的自然栖息地中时，因为它们引起不适而将它们杀死，这是完全没有意义的，因为，对我们的身体而言，把虫子赶走完全就可以达到同样的效果了。

2. 蜘蛛，以及其他肉眼可见的非家养的或是野生的生物，不是被打死，就是至少被当代人从住所中赶出去。而人们和狗、猫、金鱼以及观赏性鸟类的关系就完全不同。蚊子有时候真的会咬人，飞虫会让窗户变得很脏，而小蜘蛛对人没有任何害处。人们将他们赶出去的原因可能有些不同。这似乎和文化特有的、对生物的分类有关。应当注意的是，不同情况下或不同文化，对于房间里的蜘蛛的态度是不一样的。比方说，我在爱沙尼亚的一些农舍里就看到，人们很仔细地保留着蜘蛛网。主人解释说，这是因为蜘蛛可能会减少房子里昆虫的数量，所以应该留着它们。

3. 艾柯讲过一个类似的故事，这个故事是关于他在葡萄牙的科英布拉大学图书馆之行的。"他们在桌子上铺上绿色的毛巾，就像台球桌一样。我问他们为什么这么做。他们说，这是为了防止蝙蝠的粪便落在家具上。他们那儿有蝙蝠，屋顶上到处都是。白天，这些蝙蝠在睡觉，晚上就会排便。所以我就问他们，为什么不把蝙蝠除掉呢？——你看，蝙蝠会吃掉书虫，这些虫子会毁掉书的。四百年来，这些蝙蝠都保护着这些书籍。"①

---

① 引自 Stephen Smith, "Ask Umberto", *Toronto Global & Mail*（National Edition），Oct. 26, p. D14. Sasha Jerabek 在 "Echoing Thoughts on Bats and Books" 中讲到了这个故事。

由此，在更大的范畴上，我们可以注意到保护自然的两种组织方式。

第一种方式认为，保护自然的主要方法是通过保留自然中所留下的部分，将人们从自然中驱赶出去。这就是许多西方国家的州级公园或联邦国家公园的做法，在公园的领地上，人们是不能居住或者做出任何改动的。人们可以到公园观赏，但在空间和时间上受到了严格限制，而公园的一些地区只有工作人员和研究者（甚至他们也要有特别许可）才能进入。

另一种方式则认为，保护自然的方法，是通过保留以对自然的非密集使用为基础的人类传统生活方式而实现的。后者的一个例子就是在波罗的海岛屿的石灰质地区，以及爱沙尼亚和瑞典大陆上的林中草地。

非常有趣的是，我们会注意到，第一种自然保护会导致对大规模的物种多样性的高值（比方说，一平方公里以内的物种的数量会比同一栖息地的附近地区内的数量大得多），而第二种自然保护则保留了最大限度的小范围的物种多样性。如果该地区从来没有被管理过，那么，任由荒野自我存在的自然保护区可以保持物种的数量。但是，最大限度上的、小范围的、已知物种的多样性却出现在某些经过管理的生态系统中，只要这种管理长期以来是温和而规律的，就可以达到这种效果。比如，定期刈草（不会超过一年一次）或者放牧（并非过度放牧）的草地每平方米的植物物种，要比未经管理的植物群落的物种更多。而且，传统渔业有时候可以使得鱼类群落的多样性保持得比未管理的湖泊要高。可以这么解释：通过减少松散管理的群落的竞争层面，比方说，刈草从更大的样本（从具有更大样本的物种）相对减少了生物量，这使不同物种的条件得以平衡，降低了为了争夺光线的竞争密度。但是，这当然不是受管理的生态系统中自然得以多样化的唯一原因。例如，在半文化的风景中，筑巢的鸟类的密度（和种类）都要比附近的树林中的要高——这多半是因为，人类活动使得它们的生存空间更为多样化。

即使在最好的状况下，和自然共在的人类群落，也不会是一个可以与荒野共存的群落。和自然共同生活，最终意味着改变自然。英格兰百分之九十的树木都不是原生的物种，但人们可能会认为风景非常美丽。芬兰的树林是单一的人造林，尽管有些人会把它们当作真正的森林。爱沙尼亚最色彩斑斓的、物种最丰富的草坪是经过人类管理的，是人们在不到两百年的时间里创造出来的。在保护有价值的地区时，人们所运用的自然美和自然性是理想的模式，它改变了自然的秩序。

然而，这并不意味着，自然保护或者生态管理是没有意义的。在这里，我想强调的是，即使是最仔细保护的自然也是被改变了的自然，看到和理解这一点非常重要；从这个意义而言，这些保护和管理的活动之间没有严格的界限。

无论如何，自然都是浸入在文化和文化风景中的。无论在哪里，只要可能，生命都会为地球盖上绿色的外衣。只有在非常干旱和寒冷、或者说高度污染的地区，植物才无法生存。在"柏油路"的每一个裂缝中，或者墙体的洞中，过一段时间都会由植物的传播体长出并散布绿意。对许多动物类别（昆虫、蜘蛛、鸟类、小型啮齿动物）和真菌（如霉菌），对原生生物和细菌，以及地衣、苔藓类和导管植物来说——这意味着所有更大的分类——也是如此。

生命扩张具有力量，这就让驱除周围的所有生命形式的努力变得非常困难——这要求我们具有 20 世纪的技术。只有在"生态"时代，即最近的几十年中，有了密封门窗，以及对水管最细小的裂缝进行填补的密封建筑材料，我们才能有效地将其他生命体从房子里赶出去。现在，甚至有各种各样的防腐剂，使我们可以为食物进行无菌处理。

生态学的符号学延伸

生态学类型极为多样，这导致了它的意义的弥散，同时，存在着生态心理学和生态语言学等领域；尽管如此，生态学在传统上还是被认为是自然科学。人类社会不是通过精神活动，而是通过新陈代谢和能量消耗，通过和其他物种的相互关系而属于生态系统的。人文学科所有生态分支的生态学方面，既不意味着对环境或环境因素的强调，也不意味着对自然科学方法论的应用。霍夫梅耶强调说："当生态学把世界分割为两个不同的部分——自然部分和文化部分——并由此反对所有的情绪超结构、所有的幻象，使我们和自然疏远时，很难看到它在管理自然方面如何能够成为我们的向导或者说良师。"[1] 而生态符号学的计划不在生态学之中。

从方法或环境因素的意义而言，生态符号学不仅仅是生态学在符号学上的运用，它更像是将符号学运用于生态学。它并不是精确的说明，因为，就如约翰·迪利强调的，符号学更多的是一个立场，而不是一套方法或意识形态。从符号学的立场来研究生态学，事实上，是不可能将生态学当作自然科学，而从它的内部或者框架内对其进行研究的。这要求一种视角的延伸。

生态符号学，或者说符号生态学，其间的符号过程使得生命体有生命并且

---

① Jesper Hoffmeyer, *Signs of Meaning in the Universe*, Bloomington: Indiana University Press, 1996, p. 143.

相互连接，这就意味着引入了一个超越自然科学局限的视角。在符号生态学中，主体参与了生命，而不是进行行为主义式的描述。因此，自然科学的模型测试方法对这一领域而言太狭窄了，应当对其进行拓展。包含了文化的生态不仅仅是生产废物或能量、产生伙伴之间竞争的物质过程，还是一个完全不同的领域——它仍然包含了生态学在内，但是，我们看待它的基础有了很大的不同。

符号生态学是拓展了的生态学，在哲学和方法论的假设上都与之不同。它不再是自然科学——就如符号学不是自然科学一样，而且，这和生物符号学或者符号生物学在本质上是拓展了的生物学是一样的，因为现有的生物学是一个特别的、受到严格限制的范畴。

接受这一观点，就意味着我们将乌克斯库尔的环境界概念理解为比自然科学意义上的环境宽泛得多的领域。迈耶-阿比西（A. Meyer-Abich）将环境界描述为作为生物学特别存在的物理学，而这是自然科学的观点无法接受的，后者认为情况应该相反。但是，生物符号学的概念将会发展出知识的延伸概念，其中，自然科学知识仅是一个有限的部分，或者是一种特定的情况。

符号的可持续性

尽管符号域具有永恒性，它却一直在增长。这一点，或者说至少这一点，似乎和可持续经济的生态学模式是矛盾的。可持续的经济几乎是不会增长的。因此，在符号学上得以拓展的生态学让我们认识到，尽管包含人类在内的生态系统要达到平衡的自然生态系统中的持续性和有限性是很困难的，但在原则上是可能的。但是，如果我们考虑到符号过程以及二度自然会不可避免地增长和延伸，这种持续性和有限性就不可能存在了。符号系统的无限增长遵循了符号增长的原则。罗马俱乐部的声明"求知无极限"似乎和这一点很适合。

可持续性的概念占据了过去几十年生态出版物的主流，这在符号学论述中几乎难以寻见。[①] 对此的解释是：在符号系统中，可持续性这种特征显然是很少见的。但是，我们应该对符号学的情形进行进一步的考量和分析，特别是要对这一领域中的近来发展成为正规分支的生态符号学进行思考。

如果我们接受生物符号学的基本观点，认为生命系统的要素是符号，或者说生命开始于符号控制，那么，我们就可以认为，非人类的生命系统是符号系

---

① 符号学和生态学几乎是在 20 世纪 60 年代同时得以盛行并且迅速发展的，这一事实使生态问题在符号学论述中的缺席显得更加令人惊讶。

统。因此，平衡的生态系统可以被视为平衡的、增长有限的符号系统的例子。

就生物的可持续系统独有的内部交换序列而言，它还是有历史的；但是，它缺乏对自身历史的广泛自我描述（或者说当这一系统的历史变得足够久时，系统就必须对其进行释放，否则就要限制它的规模）。[①] 这也是生物符号系统作为文化模式，其适用性相当有限的原因之一。

生命体继承了独有的模式和符码，这些模式和符码在几个特征上可以回溯到数十亿年之前，从这个意义上来说，它们是有记忆的。但是，这种记忆是没有时间，或者说没有严格限制的时间的。可以被包含到生物记忆中的叙述作为某种发展序列，就像是短篇故事一样，它们从来没有达到过书本的历史叙述的长度，人们可以从这些书中读到种族发展史，或是人类和文化的历史。

但是，缺乏具有长度的叙述，这并不会限制符号系统和语言的存在。相反，它可以是生态系统得以延续的前提。长期存在的可持续方式，就像没有书面语言的异族的延续一样。许多丛林民族（如西伯利亚的芬兰乌戈尔族，北美的印第安民族）都没有传统的石头建筑，或者可以持久的宗教建筑。文化符号过程的持续并没有假定，它要在自我描述的同时进行详细而长期的储存。

进步的神话当然是和无限记忆的概念相关的，因为，若非如此，历史或许就会循环。

意图的特征明显和记忆的特征有关联。如果像在许多非人类的生命体中那样，记忆不包括叙述，那么愿望（需要）和计划也不可能具有任何复杂化的时间结构。这就是为什么很少有动物能够具有我们称之为道德的东西。

因此，天然的可持续的生态系统，尽管具有符号本质，和当代人类社会共通之处却甚少。如果是这样，那么，除了那些对生物系统也有用的原则之外，我们就会单独地找到文化系统的延续条件。诸如元素周期的结束、能量流的有限性这样必然的生态要求是不能被违反的，但是，由于符号自由得以增加，这就使得自然生态系统可持续性的机制不能在具有先进文化的生态圈中获取可持续性。我们不能违反物理法则，但作为符号自由增加的结果，我们可以违反许多简单的、旧的（生物的）符号学控制。

我们也能够改变我们的价值系统。对于可持续性，重要的是，我们要注意到，我们不应该改变许多事物的价值化。比如，我们可以使生活在人类环境中的其他物种的生命体保持同样的价值。而且，非生命体的自然和风景的价值也

---

① 我们必须强调，系统没有自我描述的历史，并不是说，它就不进行自我描述。这一点是非常重要的。对某些结构进行局部的自我描述，是生命系统的一个普遍特征。

会长时间保持不变。

生物域花了二十亿年才稳定了碳的循环和大气的化学成分，在使用中去除了大量的碳。人类在两个世纪中，通过燃烧化石燃料，很快就让生物域的水平回到了至少五亿年前。看来，符号域还不能把生物域当成是完全和自己重合的。

关于符号过程之联系的问题在于，如果人们希望违反符号过程，而且具有这方面的知识，就可以做到。自然科学告诉我们，制造永动机是不可能的。但是在生命体上制造死亡，并且解释如何制造，这是可能的。

二度自然对零度自然的广泛取代，其危险源于语言学知识的不完整。因为语言形式的离散特质会造成信息遗失，而可以获取完整知识只是一个神话式信仰。尽管有生命力的自然本身在很大程度上是语言性的、离散的，但人类符号不可能复制非人类符号的所有细节，因此，重建的、建构的自然总会简化和限制自然本身之中的关系。

"从对生态系统的研究中，我们能学到宝贵的经验，生态系统是植物、动物和微生物的可持续群落。……我们需要精通生态学知识，这就意味着，要理解生态群落（生态系统）组织的原则，并用这些原则来创造可持续的人类社群。"[1] 我的观点是，这并非故事的全部。人类和少数其他生命形式，能够自制而不去做他们所欲望的事。我们的自然是文化。反讽的是，可持续的生命意味着，它们会带着不完全的知识、带着会遗忘的记忆永远生存下去。

结论

本文的主要观点是，生态学知识并不足以让我们理解和解决人类面对的生态问题，因为这些问题是某些深层的符号与文化过程的结果，和生态的、生物的过程交织在一起。文化是有不同类型的，其中一些可以创造和自然的平衡关系，而许多类型则自动地制造出了环境问题。因此，对生态冲突的理解和可能的解决方式就预设了文化和生物两方面的知识，这意味着，文化符号学和生态学能够在这个领域内建构性地互动。所以，生态符号学看来是有可能面对当今世界中最重要也最困难的挑战的。

（Kull Kalevi . 1998. Semiotic ecology: different natures in the semiosphere. *Sign Systems Studies* 26: 344-371.）

---

[1] Fritjof Capra, *The Web of Life*, New York: Anchor Press, 1997, p. 297.

地方性：生态符号学的一个基础概念^①

地方性：生态符号学的一个基础概念[①]

蒂莫·马伦著 汤黎译

要研究自然与文化之间的关系，就需要在不同的科学领域内进行讨论：没有一门所谓的纯学科可以处理这样一个丰富的主题。自 20 世纪 60 年代始，几门不同的学科，如生态批评、文化生态学、环境美学、环境哲学等就开始了对这一问题的探讨。这些由文学批评的理论基础，以及艺术哲学理论产生的学科试图解释人与自然之间的关系。此种研究情形可以被概括为四个相互交织的方面：理论框架、研究对象、文化语境和自然语境。我们可以认为，其中的第一项，即理论，承载了学术认同和科学的历史遗产，而后三项则有赖于特别的研究对象和地方性的条件。上述边界学科的理论背景大多（尽管并非绝对地、独一地）源于英美学术传统，由此产生了一个问题：源自一个科学传统的理论和方法，如何足以对另一个传统中的、地方性的材料进行分析呢？

例如，在思考爱沙尼亚这个芬兰-乌戈尔语系的小型文化体时，这就会成为一个问题——我正好来自那里。在研究爱沙尼亚的文化与自然关系时，我们很快会发现，许多生态批评的重要概念，如"荒野""环境书写"，甚至"文化"与"自然"本身的对立，都不具有可操作性。较之于英国和美国，我们的文化环境、历史遗产和自然经验都有所不同。或许在较大的文化体与较小的文化体之间，以及由这些文化产生的范式之间的最大不同，在于它们的普遍程度有所差异。大型的文化，以及由其衍生的大的科学传统，可以自然而然地宣称自己代表了普遍的经验和知识，而对于小型文化，学术界总持有这样的怀疑：它们所取得的知识是否只代表地方性的实践，或者是否与普遍性相关。此外，对小型文化体而言，自我身份的问题也要重要得多。

因此，与寻求共性的"大"的文化相反，源于这样一个文化学术传统的优

---

① 本文较早的一个版本发表于由弗维·萨拉皮克（Virve Sarapik）、卡迪里·图乌尔（Kadri Tuur）和马里·拉恩里梅兹（Mari Laanemets）主编的《地方与场所》的第二卷，提名为《地方性的生态符号学举出》，第 68~80 页。

149

势在于，它是以差异为主题的。而且，就小型文化而言，在对象层面和元语言层面，描述和验证其不同与特性的科学概念都尤为宝贵。由于缺乏对地方之轴进行描述和评估的方法，在融合地方文化和全球科学的道路上，全球性就成为最显而易见的、令人忧心的障碍。而我们的理论语言对于表现地方的独特性是否足够灵敏，这也可能成为一个阻碍对文化与自然之研究发展的问题。填补这一罅隙的一个方法可能是，创造出综合性的理论概念，它可以为描述地方文化指明一些方向，同时又使这种描述的确切本质保持开放性。

对于描述人与自然环境之间的关系，描述人类在生物系统中位置以及人类文化中的自然，符号学这门学科在元层次 20 的兴趣可算姗姗来迟。尽管自 20 世纪 90 年代起，在不同的语境中，生态学的符号学研究就以不同的形式被提出，但作为范式的生态符号学是直到诺特（Winfried Noth）发表于 1996 年的论文出版后才有迹可循的。[1] 在该文中，诺特将生态符号学定义为：研究生命体及其环境之间的关系之符号学方面的科学。[2] 两年后，库尔缩小了这个词的范畴，认为它包含了发生在人类及其所在的环境之间的符号过程——"生态符号学可以被定义为自然与文化之间关系的符号学"[3]，由此将生态符号学与生物符号学区别开来。2000 年在伊马特拉国际暑期研究所举行的符号学与结构研究，以及几家符号学期刊的专刊[4]也见证了这一新范式的产生。生态符号学最近的发展则包括了在系统生态学[5]、风景生态学[6]和生态批评[7]之间建立联系的努力。

接下来，我们将要探问：生态符号学方法的何种知识，可以运用于研究人

---

① Kalevi Kull, Semiotic ecology: Different natures in the semiosphere. -*Sign Systems Studies*, 26, pp. 347-348.

② Winfried Nöth, Ökosemiotik. -*Zeitschrift für Semiotik* 18 (1), 7 - 18. 转引自 Winfried Nöth, Ecosemiotics. —*Sign Systems Studies*, 26, p. 333.

③ Kalevi Kull, Semiotic ecology: Different natures in the semiosphere. —*Sign Systems Studies*, 26, p. 350.

④ Semiotica 1999, 127 (1/4); Tartu Semiotic Library. 2002, 3; Sign System Studies, 2002, 30 (1); Zeitschrift für Semiotik, 1986, 8 (3).

⑤ Soeren Nors Nielsen, Towards an ecosystem semiotics: Some basic aspects for a new research programme. *Ecological Complexity* 4 (3), 93-101.

⑥ Almo Farina; Andrea Belgrano, The eco-field hypothesis: toward a cognitive landscape. *Landscape Ecology* 21 (1), 5 - 17; Almo Farina, The landscape as a semiotic interface between organisms and resources. *Biosemiotics* 1 (1), 75-83.

⑦ Timo Maran, Towards an integrated methodology of ecosemiotics: The concept of nature-text. *Sign Systems Studies*, 35 (1/2), 269 - 294; Alfred K. Siewers. *Strange Beauty. Ecocritical Approaches to Early Medieval Landscape*. NewYork: Palgrave Macmillan, 2009.

与自然之关系的话语，运用于融合了生态批评、文化生态学、环境美学、科学生态学、环境哲学和其他学科的讨论。本文旨在提出一种谨慎的可能：将地方性视为主体及其环境之关系的、一以贯之的特性，并对这一以符号学为基础的概念提出一个定义。这里，我把地方性作为符号结构的一个特征来进行分析，这些符号结构以如此的方式和环境一起出现，以致如果不大大改变结构或是结构所包含的信息，它们就无法脱离环境。这一概念源于如下理解：一个符号过程总是包含着特别的、独有的现象。在皮尔斯和西比奥克的符号学传统中，文化和自然的绝大部分可以被视为符号过程的结果或者模式，这些符号过程不可避免地将重点放在文化与自然的地方性的身份之上。另一方面，地方性的概念强调了环境关系的质性特点。

后文会提到，主体及其所在环境的互为条件性，是生命体与人类起源的符号系统的典型特征，并且，我们是从理论生物学和理论符号学即产生生态符号学的两门主要学科的角度来讨论这一问题的。因此，在这里提出的方法认为，对生态符号学而言，自然是特征性的，而且，这种方法能够运用于更广意义上的对文化与自然之关系的研究。在本文的最后部分，我们将会讨论，在文化认同的塑造中，起到安置作用地方性在一个特定的自然环境中所起到的作用。

作为生命体特征的地方性

每个生命体都在或多或少的程度上，适应于它所在的环境，这一理念是达尔文主义的进化论生物学的主要观点，属于生态学的核心部分。但是，在现代的进化论生物学中，生命体及其环境仍然是相当抽象的，它是在某种间接、抽象的指标，比如适应性、适应价值之上被定义的。如果我们对某一物种的个体行为进行观察，那么，作为围绕真实的生命体而具有特征的媒介，环境可以成为行为研究、自然史研究或是生物学领域其他形式研究的对象。

动物及其环境的适应关系，可以分为两个方面：生理上的相应性，如动物的身体构造、生理及其环境之间的一致性；交流与符号学上的一致性，作为个体的动物在其间对特有的环境进行感知、作出反应。这两个方面是必然相关的。比如说，像哺乳动物的眼睛构造这样的生理适应，使得我们人类能够以我们的方式来感知风景。同时，这两个方面也有着清楚的不同：交流和符号学上的一致性是质性的，并且和个体的解释与发展相关。只要我们将生命体作为主体来进行检视，允许它有某种解释和选择的自由，生命体及其环境之间的关系就会成为特别的、独一无二的。生物符号学的主要缔造者乌克斯库尔，对这一主体性的现象学观点进行了很好的阐述：

动物的身体可以被比作一所房子，以此来进行研究：解剖学学者们一直详细地研究它是如何被建造的；生理学家则研究房子里的机械应用；而生态学家描述和研究的，是这个房子所在的花园。

然而，对这座花园的描述使它看起来好像是自我展现在人们眼前一样，导致了房子的居住者对这幅画卷完全无视……每一所房子都有着俯瞰这座花园的窗户：光线之窗、声音之窗、气味之窗和味觉之窗，以及许多扇触觉之窗。从房子看出去，花园的景象随着窗户的结构和设计而变化；它不会是更大的世界的一部分；它是这所房子拥有的唯一世界——它的环境界。①

当我们对生命体及其环境的关系进行检视时，如果我们从乌克斯库尔的符号学范式出发，那么，在某个特定环境中对生命体的安置就变得至关重要——而环境与生命体的特征则在主体的解释行为，即符号过程中，得以呈现。环境规定了生命体的一些代表性特征，由此，作为主体的生命体可以对环境因素赋予自身物种特有的意义。在其他环境因素的影响下，整个意义系统就会有所不同（它们和符号载体相互关联）。主体及其环境之间的关系，也为符号过程产生的次现象提出了很好的定义：经验（从之前的符号过程中积累而来）、记忆（使得之前的经验可以被辨认出来）、物种层面上的累积，以及在进化过程中得到部分发展的特征（后者可以被称为符号选择）。主体及其环境之间的、每一个以反应为基础的交流模式，都可以被作为结构方式来进行检验，这种结构方式允许了主体及其环境之间一致性的发展，或者说，允许了适应。或许最广为人知、被引用最多的就是乌克斯库尔的功能圈模式，主体在其间通过感觉和行为与对象发生关联。（见图1）

在乌克斯库尔的功能圈模式中，主体和对象经由感知世界（merkwelt）和行动世界（wirkwelt）相互关联。②

生物符号学界的其他权威学者也发现了生命体和所在环境之间关系的独特性，以及这种独特性导致的符号决定。霍夫梅耶（Jesper Hoffmeyer）写道："考虑到进化，重要的不是物种的适应性，而是符号学上的适应性。毕竟，适应性取决于关系：只有在给定的语境中，某物才能够去适应。但是，如果基因类型和环境类型相互构成了度量适应性的语境，那么，我们似乎就该在适应者

---

① Jakob von Uexküll, The Theory of Meaning. *Semiotica*, 42 (1), p. 73.
② 参见 Jakob von Uexküll, The Theory of Meaning. -*Semiotica* 42 (1), p. 32.

的关系整体中去讨论它，这种关系能力是一种符号能力。"①

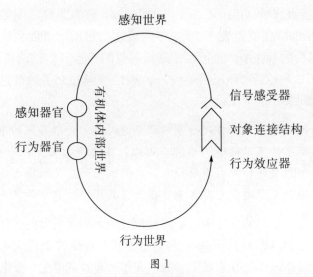

图 1

　　以霍夫梅耶的解释为基础，更宽泛意义上的符号学适应性可以被定义为：主体成功地适应了它所在的环境，它借助符号过程把来自自身和环境的信息连接在一起。如果生命体能够成功地将生命体与周遭环境的信息进行互译，它就具有符号学上的适应性。在对环境的适应中，主体在环境中将自己地方化了，符号学上的适应性则暗示了地方化的成功。另一方面，它也显示出，如果主体脱离了环境，它的结构会受到什么样的影响。鉴于这种双重结构，地方化不应被理想化地认为是一种合适的条件，因为关联也就意味着依赖。在生物学中，特化（specialization）与协同进化的适应（co-evolutionary adaptations）被作为生命体独特的生命策略来进行研究。之于独特的环境条件的、显著的特化，和作为生存策略的稀有性是携手而行的，而特化的种族往往在面对环境变化时更为脆弱。

符号过程的语境性（contextuality）

　　在符号学和文化理论的讨论中，作为符号结构特征的地方性也相当引人注目，它和语境、语境性的概念相关。有好几种符号学方法都认为，意义是由语

---

① Jesper Hoffmeyer, The unfolding semiosphere, *Evolutionary Systems. Biological and Epistemological Perspectives on Selection and Self-Organization*. Eds. Gertrudis Van de Vijever *et al.* Dordrecht: Kluwer Academic Publishers, 1998, pp. 290—291.

境所调节的。在这些方法中，诺特认为英国语境学派（British contextual school）和分指语言学（distributive linguistics）较为重要。例如，尤金·尼达（Eugene Nida）在他发表于 1952 年的论文中提出，"意义是由环境赋予的"①。在他以后的著作中，也可以注意到类似的观点（如讨论单词"run"的意义是如何取决于文字和环境语境的）②。瑞恰慈则补充了源自过去的时间轴对意义和环境间关系的意义：

> 像任何其他符号一样，一个词语是通过属于一组再现的事件而获得意义的，这组事件可以被视为语境。由此，在这个意义上，一个词的语境，是过去的一组事件的某种再现模式，我们说它的意义取决于它的语境，也就是说它的意义取决于它在其中获得意义的那个过程中的某一点。③

在布拉格符号学派的著作中，语境的概念也起到了重要的作用。雅柯布森发展了卡尔·比勒（Karl Burhler）的语言模式，在他的语言交流模式中，他将文本和语言的指涉功能联系在了一起。在雅柯布森的学生、著名的美国符号学家西比奥克对动物交流的符号学研究，也就是动物符号学中，这一思想得到了进一步的推进。④

作为围绕文本或符号的一种结构，语境对符号的形式以及主体可能赋予符号的意义都有影响。语境存在于符号之外，同时，通过符号关系规定着符号的局限和特征。如此，新的词语在形态上的形式和意义，不仅取决于语言中已经存在的概念，还取决于语言中意义与形式之间罅隙的存在。在不同的语境中，一个词语的意义会有所不同；行为是否合宜也取决于它的语境。一件艺术作品或文学作品，以及对它们的批评，也是在更为宽广的文化语境中获得部分意义的。在对符号的解释中，西比奥克强调了语境的作用，他用以证明这一点的例子是信息与语境的冲突：作为信息接收者的人基于语境作出解释，而完全忽略了信息。⑤

---

① Eugene Nida，A problem in the statement of meanings. —*Lingua*，3，1952，pp. 126. 转引自 Winfried Nöth，*Handbook of Semiotics*. Bloomington，Indianapolis：Indiana University Press，1990.

② Eugene Nida，*Contexts in Translating*. Amsterdam，Philadelphia：Benjamins. 2001，pp. 31—32.

③ I. A Richards，Functions of and factors in language. -*Journal of Literary Semantics* 1，1972，p. 34.

④ Thomas A. Sebeok，Semiotics and ethology. -T. A. Sebeok，*Perspectives in Zoosemiotics*. *Janua Linguarum*. *Series Minor* 122. The Hague：Mouton，pp. 122—161.

⑤ Sebeok，Thomas A. Communication. Sebeok，Thomas A. *A Sign is Just a Sign*. Bloomington：Indiana University Press，1991，pp. 29—30.

"限制"（restraint）这一概念源自控制论，它被引入符号学中，在描述语境所起到的决定作用上具有核心意义。这一概念认为，语境带来了对符号冗余（redundancy）的限制。从冗余开始，这种限制就有可能规定符号可能具有的意义，但是，符号本身也能够负载语境的相关信息。我们可以引用格雷格里·贝特森（Gregory Bateson）的话，来说明这种对彼此具有约束性的影响：

> 如果我对你说"下雨了"，这就将冗余引入了宇宙、信息和雨点之中。由此，单单从这条信息你就可以猜到，如果你看向窗外，就有机会看到某物——而这种推想可不是随机遇上的。[①]

任何已经有效的符号过程，都会部分地决定这一过程未来的发展可能——在时间的轴线上，语境的作用本身得到了扩展。在读小说或看电影时，我们可以发现，已经经历的事会影响到行动在未来的结果。同样，每一篇科学论文或艺术作品，都部分地决定了正在被观察着的话语的发展可能。符号与文本之间关系的这种特征，让我们想到了符号过程中的因果关系——皮尔斯已经对此进行了描述：一个符号过程是如何引导未来符号过程的可能的。这种倾向似乎成了符号过程的概括性特点。尼古拉斯·卢曼（Niklas Luhmann）如是说："比如说，如果为了交流和思维而将符号和符号相结合，那么，就必须对期待（expectation）进行引导，并且对将来连接的可能性做出限制。随之而来的符号不能被预先决定，不能太出人意料。因此，每一个符号不仅必须将自己作为一个实体来发生作用，它还要提供多余的信息。"[②]

符号学理论将语境作为某种类型的一般抽象物来进行检视，由此可能会导致这样的疑虑：将和语境有关的某种适应性，作为较之于其他语境而言的某种语境偏好来谈论，这样做是否切题。因为从更大的意义上来说，语境总是围绕着所有的符号结构，即使在语境意味着符号结构的缺失时也是如此。而且，当我们想到符号结构的自我组织能力时就会明白，这样的疑虑是无法驳斥的。主体通过符号活动建立了与语境相关的、对冗余的限制，从而使周围的语境变得有价值。因此，我们不能仅仅从客观的角度来描述主体与语境的关系，还要考虑到个体的、现象学上的、质性的关系。符号学上的适应性和语境，或者说环境的价值性源于具体语境中主体的存在，和主体在其间的符号活动。对环境而言，其间存在的时间是一个价值标准。

---

①　Gregory Bateson, *Steps to an Ecology of Mind*. Granada: Paladin, 1973, pp. 383–384.

②　Niklas Luhmann, Sign as form. *-Cybernetics and Human Knowing*, 6（3）, p. 27.

地方身份和环境

　　地方文化和环境相互作用，这种关系支撑着地方文化的身份。英国人类学家提姆·英戈尔德（Tim Ingold）在他的著作中描述了一个双重的过程，人类和动物在其间适应了他们的生活环境，同时也使这个环境个体化了。[①] 地方创造这种身份的机制在人类文化的所有层面上进行运作：主体所在的本土之地以及种种因素支撑着它个体的自我定义，语言成为了描述环境对象和现象的手段；而与主体的身份联系在一起的记忆和环境，也是地方所特有的。主体和环境的关系也可以是非语言的：瑞典人类学家、符号学家阿尔夫·霍恩伯格（Alf Hornborg）在对生活在亚马逊的印第安人的环境关系进行研究时，对感觉符号（sensory sign）、语言符号（linguistic sign）和经济符号（economical sign）进行了区分。包括"眼睛、耳朵、舌头、皮肤的感觉——其中只有一小部分被我们思考，并归入语言学范围"[②]，各种感觉符号允许了和环境最为深入的交流。如果我们回到以控制论为中心的方法上去，就可以断言，通过对原有文化的积极参与，将主体和所在环境联系在一起的所谓冗余信息的量会得到增加。当信息逐渐累积，个体就能够预知环境的过程，并由此能够依赖于他/她的环境。

　　由于外部文化因素而造成环境的突然变化，或者对另一个环境的进入，也会带来身份上不可避免的变化。作为符号结构的个体和文化为了自我维持，总会要求某种语境。因此，当之前的环境消失时，对和新环境相关的新的符号关系的创造就开始了。换句话说，如果语境缺失了，那么文化和个体就会创造出他们自己的语境。当一个人将他/她的自然环境替换成人工环境，在自己周围创造出存储他身份的新媒介，并以这样的方式来试图弥补记忆传统的遗失时，我们就可以看到这样的符号过程。霍恩伯格将这一过程描述为，用感觉和语言符号来取代更多的、没有鲜明特点的、表示价值交换的经济符号。[③] 但是，对

---

　　① Tim Ingold, The temporality of the landscape. *World Archaeology*, 25（2），pp. 152－175; Building, dwelling, living: How animals and people make themselves at home in the world. -*Shifting Contexts*. Ed. M. Strathern. London: Routledge, pp. 57－80.

　　② Alf Hornborg, Vital signs: An ecosemiotic perspective on the human ecology of Amazonia. *Sign Systems Studies* 29（1），p. 128.

　　③ Alf Hornborg, Vital signs: An ecosemiotic perspective on the human ecology of Amazonia. *Sign Systems Studies* 29（1），p. 128.

新语境的创造往往会带来标准化和简单化的问题，因为当没有环境可以通过多种模式和随机的过程来提供创造性和新颖性时，文化就可能对现有的模式产生最大的依赖。

较之于全球规模的文化，地方文化的唯一优势往往就在于它和周围环境的联系。全球文化是自足的，通过抽象的、向外投射的观念和价值，如经济价值、抽象象征和理想来获得自己的身份。而地方文化的关注点则更多地导向它周围的环境，它的模式和特性。约瑟夫·米克（Joseph W. Meeker）描述了这两种研究世界的方法的对立，他将这种自足性归因于西方哲学传统，归因于悲剧这种体裁和生物群落中的更新物种，而将环境和地方文化的中心性归因于喜剧体裁和本地物种。[1]

符号主体的地方性和语境性概念，是和强调自然与文化的二元主义截然对立的。在概念上，宣称自然是文化的产物，不可能学习处于文化之外的自然，这对于地方文化来说甚至是危险的。[2] 这种论述使未然文化的自然环境，以及文化与它特有的地方环境之间的关系变得不重要。另一方面，对文化在语境安置上的理解也可能会和自然科学、自然保护的看法相冲突。为了保护自然环境，我们也应该保护它的非物质成分——文化传统，它支撑着这个环境，并增加了它的价值，这种思考方式有别于建立在荒野概念上的、二元式的自然保护。在《风景和记忆》一书中，西蒙·沙玛（Simon Schama）勾勒出了不同文化和自然环境中的各种关系，特别是讨论了地方的自然环境被纳入文化记忆、被文化采用并在文学、艺术和神话中得以反映的那些方面。[3] 我们可能会时常发现，如果不在解释中考虑到环境本身的模式和过程，或者说非人类动物的符号活动，或者说交流活动的结果，就无法对与自然相关的文化文本，如自然书写、自然文献、环境艺术作出解释。从符号学上来说，这样的文化文本具有双重的特点：除了文本本身展现的意义，它们还包括或者说指涉着环境中在场的信息。不可避免的，被纳入文化记忆的那部分自然属于作为地方实体（local entity）的自然环境——通过对自然的描述，文化将自己和自然联系在一起。正如文化拥抱自然，使自然成为自己的一部分、赋予它意义一样，文化

---

[1] Joseph W. Meeker, The comic mode. *The Ecocritisism Reader. Landmarks in Literary Ecology*. Eds. Cheryll Glotfelty, Harold Fromm. Athens, Georgia: University of Georgia Press, 1996, p. 155—169.

[2] 这种危险意识适用于所有"现代主义"的世界观，这些观点认为人只能从已经受意识所影响的世界中进行学习。

[3] Simon Schama, *Landscape and Memory*. New York: Alfred A. Knop, 1995.

本身也开始和自然、自然中的具体地方变得类似。正如文化赋予了自然以意义一样，它也和它的自然环境变得相像。

结论

现代社会最显著的特征就是文化语境的同一化。地方之间的自然环境无疑是有所差异的，而同一化的过程使得人对于地方性的自然符号的适应性降低了。与主体和环境相关的信息的一致性会受到阻碍，或者，更直白地说，人们不再明白如何在自然中存在。同时，大众媒体一直试图减弱地方文化和地方自然环境之间的联系，因为只有这样，文化同质化这一全球化的先决条件才能出现。

要研究这样的过程，需要有适合的理论概念。符号学对符号和语境之间的关系讨论良多，而理论生物学全面地研究了生命体和环境之间的关系。生态符号学源于这两门学科，能够积极地参与对文化和地方自然环境之间关系的讨论。这里提出的是地方性的概念，而语境、语境性的概念，和它们在文化理论上的历史，以及霍夫梅耶的符号适应性观念，都是可能的、适合的起点。

〔Maran，Timo 2002. Locality as a Foundation Concept for Ecosemiotics. In Siewers，AlfredK（ed），*Re-Imaging Nature*：*Enviromental Humanities and Ecosemiotics*. Lewisburg：Bucknell University Press，79—89.〕

生态符号学的整一方法：自然文本的概念

蒂莫·马伦著　彭佳译

从一个更宽广的视角来思考符号学与生态学的可能关系或相似之处，这对理解生态符号学、理解其方法论上的可能性是很有用的。生态学作为一门学科的发展，以及 20 世纪中叶符号学的快速推进，都可以被视为同属于 20 世纪科学发展中的系统性思考的潮流。控制论、普遍系统理论以及结构主义的大部分都属于这一学术运动，它关注的是系统的结构和表现，以及其间的分别、影响、相互关联和平衡。作为科学学科的生态学曾经坚持了自然科学的研究对象和方法，但之后，它发展出了人文学科的不同分支，如环境心理学、生态批评、环境研究、文化生态学和环境美学。这些分支也塑造了符号学研究的知识氛围。

除了在发展上普遍相关，我们还可以看到符号学与生态学的内在相似性。尽管符号学主要是关注人类的符号活动，而生态学主要研究其他生命体的生命，两者都是主要研究关系的学科，习惯于将它们的研究对象作为关系性的，或是与其他对象和现象相关。两者都认为关联性极为重要。生态学的关注点是生命体和环境之间的关系，或者不同物种之间的关系。在符号学中，符号这一经典概念本身就表示了某种联系：符号是"对某人而言，在某方面替代某物的一物"①。皮尔斯将无限衍义作为一系列相继的解释，这和自然中的周期性过程也有直观的相似性：生态学所理解的代际间的变化，食物链和物质循环就是如此。科利特（W. John Coletta）用皮尔斯的元指示符（metaindex）和元像似符（metaicon）的概念，在自然的生态关系和语言的符号过程之间建立了美妙的联系。与之相似的是，格里兹贝克（Peter Grzybek）对（微观的）人类自我和（宏观的）自然之间的同源界域相协调，并由文化和自然相混合的（中观）界域的认知发生提出了符号学的看法。符号和生态过程之间的联系可以被

---

① Charles Sanders Peirce. *The Collected Papers of Charles Sanders Peirce*. Vol. 2. 1994, p. 228.

相当深入地阐述，如波斯纳（Roland Posner）所做的那样。他引入了"符号污染"（semiotic pollution）的概念，认为噪音和骚扰干扰了"符号过程，就像物质污染干扰了生命的基本过程那样"①，并认为交流过程的因素（发送者，接收者、语境、渠道等）是"符号资源"。

将生态符号学作为一种可能的符号学范式，这个问题是由诺特（Winfried Noth）和他的同事十余年前在《符号学期刊》（Zeitschrift fur Semiotic）上提出的。尽管这一提议引起了一些讨论，但我们没有理由把生态符号学作为一种有着广泛研究活动和学制建设的完整学科来进行谈论。② 生物符号学也是自20世纪90年代有所进展的，并由此建立了国际学会，定期出版和召开主题性的期刊和会议，与之相比，生态符号学无疑是不那么为人瞩目的。本文认为，生态符号学的范式有许多未能得到发掘的潜力。接下来，我会检验通向生态符号学的不同路径，并尝试着简单地描述研究对自然进行再现的文本的一些基础理论工具。尽管本文提出的方法主要关注的是自然书写（包括了对自然环境进行书写的散文和其他非虚构文本），但对其他以自然为重要主题的文化文本进行分析时，这一方法也应当是有用的。

作为符号学与生态学共同基础的语境性

虑及和生态学的关系，一个有趣的符号学概念就是语境（context），它可以被理解为"形成事件、陈述和想法之背景的环境，事件等在其间可以得到充分的理解或肯定"③。在生态学上，环境作为"人、动物或植物生存和运动的周围或条件"④，并对人或动植物产生影响，其作用和语境相似。在符号学中，语境有多种形式和作用。例如，在交流符号学中，语境思维可能会作为一个概念出现，即在交流中，信息所传送的意义是倾向于语境、外在于交流情景的。在比勒（Karl Buhler）提出的语言交流的工具模式中，就可以看到这种方法的特征，该模式倾向于发送者的表达功能，倾向于接收者的吸引功能，倾向于

---

① Roland Posner，"Semiotic pollution：Deliberations towards an ecology of signs". *Sign Systems Studies*，2000，28，p. 290.

② 关于生态符号学的论文专题，最为全面的是《符号学期刊》1993年的第15卷1、2期，以及1996年的第18卷第1期，以及《符号系统研究》2001年的第29卷第1期。

③ Judy Pearlsall ed. *The New Oxford Dictionary of English*. 1998，Oxford：OxfordUniversity Press，p. 396.

④ Judy Pearlsall ed. *The New Oxford Dictionary of English*. 1998，Oxford：OxfordUniversity Press，p. 617.

环境、对象或周围世界的再现功能。雅柯布森的经典交流模式宣称交流的指称功能是倾向于语境的，这也肯定了意义和语境之间的关系。①

对许多活跃在符号学边界区域的杰出学者而言，语境及其对符号过程的影响这一问题形式不同，却至关重要。最著名的语境论者之一，英国的语言哲学家瑞恰慈，就强调了语境在决定语言意义中的相关性。他写道："词语的作用是随着和它相邻的其他词语而变化的。在适合的语境中，词语本身相当模糊的意义会变得确定，这是全面而彻底的；任何因素的作用都取决于和它共在的其他因素。"②

奈达（Eugnene Nida）从另一角度强调了语境在翻译过程中的重要性。在他看来，只有在和特定文化的关系中，语言和文本的意义才能得到交流；在这个过程中，语境起着基本的作用。为了描述语境对文本的作用，奈达对不同类型的语境，如组合和聚合语境、包含文化价值的语境、源文本语境等进行了区分。

语境思维也是跨学科的学者贝特森（Gregory Bateson）的著作的基础："所有的交流都使语境成为必要……没有语境，就没有意义。"③ 语境性的信息可能会将冗余引入交流系统，但也可能有几种语境，存在着在一个给定信息的语境中的语境。贝特森的理解也是他的双重束缚（Double Bind）理论的相关点，这一理论描述了这样的情形：不同层面的语境和一些重复出现的交流相矛盾，由此带来了精神分裂的状况，参与者在其间没有可能做出正确的反应，或是脱离这种情形。在和生物进化相关的方面，贝特森也将环境作为语境，作为对动物活动的反应而得以进化。贝特森对达尔文式的、将单独个体或直系后代作为生存单元的做法是相当批判的，他争论道，进化的单元应当是环境中的、有弹性的生命体（这种环境可以和大脑与更大的神经传导系统以及身体外的信息之间的关联性相比）。

语境和语境性的概念，似乎可以为将符号学和生态学联系起来提供可能的

---

① 雅柯布森认为，语境必须是文字性或者可以被文字化的，即是接收者可以获取的。交流通过对语境的指称而与之相区别，尽管从这一意义上而言，雅柯布森所说的指称功能必须通过指示性来理解，但交流情景对周围世界的开放仍然是和符号学的生态学潜力相关的。

② 更为年轻的一代符号学家也表达了与此相似的立场——亚伊尔·纽曼（Yair Neuman）以沃洛辛诺夫（Valentin Voloshinov）的著作为基础，将交流描述为递归式的、层级式的系统，不能被再现的符形形式有效地加以理解："就自然语而言，整个话语的语言在解释循环性中决定了其成分的意义，反之亦然。"

③ George Bateson. *Mind and Nature. A Necessary Unity*. 1980, Toronto, New York: Bantam Books, p. 18.

基础。当西比奥克自 20 世纪 60 年代开始建设他的动物符号学研究平台时，他将传播交流模型作为了起点之一。西比奥克可能明白语境的重要性，他将交流的符义学维度和语境相联系，将后者理解为与动物的功能状态、生态关系和外部环境条件相关的信息。在他看来，在对动物交流的符号学研究中，语境信息具有批判的重要性。[1] 在动物交流中，被感知到的信息的意义可能完全不同，这取决于交流是否发生在发送者或接收者的领地上，取决于交流是发生在开放的环境中，还是封闭和安全的环境中，取决于交流的双方是在靠近彼此、撤退还是保持固定的距离。同时，西比奥克也强调，对于动物中的语境信息的使用还鲜有研究。[2] 原因之一在于，对动物交流的研究者而言，其他生物的符码和信息意义具有不可获取性。在西比奥克的动物符号学著作中，意义和语境信息之间的联系变得和自然中的环境、对自然的符号学研究直接相关。

生态符号学的不同视角

符号学和生态学在不同的点上相遇，由此，对生态符号学范式设计的缘起也有所不同。在《符号系统研究》对这一主题的介绍中，诺特和库尔区分了生态符号学在原则上不同的两种方法。生态符号学的文化理论方法源自索绪尔的符号学和结构主义，即索绪尔、列维·斯特劳斯、洛特曼、艾柯和格雷马斯等人的遗产。它检视的是自然在何种程度上被文化视角所解释，以及不同文化对同一自然现象的解释在何种程度上有所差异。后一种方法则源于皮尔斯—莫里斯的广义符号学传统，以西比奥克的著作为代表，将自然中的符号过程作为本身的现象。这种方法产生了动物符号学和生物符号学的范式，以及诺特描述的降低了符号学门槛的符号学过程。这两大方法可以被视为一个认识论问题的可能答案：文化方法是否可以被用来研究处于文化范畴之外的某物？诺特准确地将生态符号学的这两种路径描述为文化生态符号学和生物生态符号学。

除了这两种方法之外，我们还必须厘清一种更具有知识性的、显著影响了生态符号学概念之形成的发展，也就是具有自然科学背景的研究者们的活动，他们将符号学视角囊括到了对生命体和环境之间关系的生态学研究中。比如，

---

[1] 理论生物学家约翰·史密斯（W. John Smith）对语境的概念更为强调。他将语境和信号的概念进行对比，并将交流中除了信息之外的几乎所有要素都囊括在语境之中。史密斯将语境分为直接语境和历史语境，前者包含了接收者的状态和在同一交流中感知到的其他信息；后者则包括接收者以前的经验和它物种专有的特性。

[2] 珀康蒂（Pietro Perconti）对人类和动物交流中对语境的使用进行了比较性的总结。

德国颇具影响力的理论生物学家坦布洛克（Gunter Tembrock）就采用了这一方法，他用概念解释了生物体及其不同层面的环境的关系。坦布洛克详细阐述了他关于符号学的生物交流理论，将生物体及其环境的关系分为空间符号过程、时间符号过程、代谢符号过程、防御符号过程、解释符号过程和伙伴符号过程等不同的符号学类型。生态符号学思考的另一先声，则是系统生态学，它将信息过程视为生态系统规则中至关重要的组成部分。至于说到将符号学方法引入生态学的当代学者，应当提及费里那（Almo Farina）和他的同事们。费里那的生态场（eco-field）概念将乌克斯库尔的环境界理论引入了风景生态学。生态场应当被理解为"物理（生态）的空间，是当功能特征活跃时，物种所感知到的相互关联的非生物和生物特征。……生态场可以被视为交界的空间，其间活跃着搜集、集中、储存、保持和利用能量的机制"①。

在生态学研究中，很多其他学者也使用了符号学方法。

当诺特在 1996 年提出生态符号学的可能范式时，他自己的方法也似乎是源自于数十年来以个体生态学的名义进行的生态学议题。在诺特看来，生态符号学首先是栖息地的符号学，其目标是研究生命体和所在环境在符号学上的相互关系。他认为重要的研究问题，是关注生命体和环境之间的关系："这一关系总是具有符号学本质，或者说，至少在这一关系中，存在着符号学的一面，或者说，我们必须对符号学和非符号学的环境关系进行区别。"②

在之后的一篇文章中，诺特具体说明了生态符号学在和生物符号学、动物符号学的关系中的位置，他指出，与后两者不同，生态符号学应当关注表意的过程（和交流相反，这种表意过程作为符号过程是没有发送者一方的），即生命体和非生命环境之间的符号关系。由此，诺特的生态符号学观点导向了被描述为"一个单独的物种及其环境之间的生物关系；一个单独生命体的生态学"的个体生态学。③

另一位对生态符号学持有更为深入的见解的学者是库尔——根据诺特的分类，他似乎属于传统的文化生态符号学。库尔的文章《符号生态学：符号域的不同本质》发表于 1998 年，该文富于启发性，可以被视为对文化符号学的表达。理由如下：

---

① Almo Farina, Andrea Belgrano. "Eco-field paradigm for landscape ecology". *Ecological Research*, 2004, 19, p. 108.

② Winfried Noth. "Ecosemiotics." *Sign Systems Studies*, 1998, 26, p. 333.

③ 传统上，生态学可以分为个体生态学（研究生命体层面）和多种生物生态学（研究不同物种群层面）两大分支。有时候也会使用同种生物生态学（研究单个物种群层面）的概念。

（1）和诺特的理解不同，生态符号学处理的不是所有生命体及其非生命环境之间关系的问题，而是人类、人类文化和自然环境之间的关系问题。

（2）库尔将生态符号学明确定义为文化符号学的一部分，它考察的是符号过程（由符号调节的）基础上的、人类和自然的关系。

（3）如果没有语言的调节或过滤，人类不能感知自然。自然本身（零度的自然）和经由语言范畴化的自然（一度的自然）形成了明显不同的类别。

（4）通过对自然进行描述并付诸行动，和自然发生关联的文化不可避免地会改变自然。这种改变在原则上是单向的，以人类化的自然为代价，人类的环境界会无法避免地减损和降低零度的自然和一度的自然。①

库尔将自然分为四种类型，这源自于乌克斯库尔的功能圈模式。它有可能会成为生态符号学理论的基础原则。② 在实际研究中，这样的类型学可以作为方法工具，对文化中调节自然的不同形式，对自然文化化的不同程度进行分析，比附在风景中这种文化化是如何导致自然、半自然和文化的植物群落的。至少，在分析爱沙尼亚的民间医药和使用草药的不同方法中，就用到了库尔的类型学。同时，库尔的方法似乎更适合被动的自然（passive nature）（尽管他也举出了几个包含动物的例子），适用于对人类和无生命的自然、植物和风景之间关系的分析。当我们将库尔的类型学和其他双边关系的类型学，如西比奥克用于描述人类和动物之间可能关系的类型学相比较时，这就更为明显。西比奥克区分了几种情形：人类是动物的毁灭者，人类是动物的受害者，人类是动物的寄生者或动物是人类的寄生者，动物接受人类作为同一物种的伙伴，等等。较之于西比奥克的类型学，库尔的方法似乎更关注人类一方，描述的是交

---

① 和库尔的观点向类似的是，霍恩伯格（Alf Hornborg）也强调人类符号系统影响和改变生态过程的能力。在他对亚马逊地区的本土居民及其环境关系的总结中，他就认为自然的转化将符号系统分为三种连续的类型，即感观的、语言的和经济的。

② 库尔对自然的四种分类解释如下："零度的自然，当它具有生命的时候，是通过本体的符号过程，或者说，如果我们用约翰·迪利的话来说，是通过物理符号过程发生变化的。一度的自然是经过人类符号过程，通过我们的社会和个人知识的解释过滤的自然，是范畴化的自然。二度的自然作为'物质过程'的结果而变化，它是以真正的符号形式进行的'物质翻译'，因为它和零度、一度或者说三度的自然相互联系，在想象出的自然的基础上掌控着零度的自然。三度的自然是完全理论化或者艺术化的、非自然而像似自然的自然，是在一度或三度自然的基础上，在二度自然的协助下创造的自然。"在后来的谈话中，库尔强调，要理解这四种自然的分别，应当理解自然产生的不同策略的步骤性。

流中信息传播的单一方向。

库尔认为，生态符号学的目标在于"研究自然之于人类的角色和位置的符号学方面，即对于我们，对于人类，自然的意义是或者曾是什么，我们如何、在何种程度上和自然进行沟通"①。（着重号为作者所加）

自然，这一关系中的另一方，在这个过程中没有起到任何主动的作用。例如，库尔认为，在我们描述自然、处理和自然的关系时，自然变得更像是人类，但是，进入自然并不会让文化变得和自然更为相似。同样，被描述和改变了的自然恢复到初始状态的可能性微乎其微（至于这种可能性，库尔提到了遗忘的能力，以及不必依赖于长期记忆能力的文化，但即使是这样的可能性也是来自于文化的特性，而不是自然的主动参与）。总之，将乌克斯库尔的功能圈概念用于文化和自然的关系，可能会导致人类文化的"主体"状态和自然的"客体"状态，其中后者无法在人类符号系统的调节之外保留任何声音或表达的权力。

生物生态符号学和文化生态符号学各有理论上的优劣，以及各自的方法所适合的研究主题。然而，要形成切实可行的生态符号学传统，我们需要将两者综合起来。就描述自然和文化之关系的能力而言，两者的方法都是有限的。生物生态符号学倾向于自然科学的传统，或者说，稍好的情况是，它导向了生物符号学，它最感兴趣的是对生命体及其环境之间符号关系的描述。相反，文化生态符号学立足于文化符号学，因此囿于语言中心主义或文化中心主义，无法使研究者的视野超越人类语言和文化系统的局限。

凯斯派克（Riste Keskpaik）有力地表达了在生态符号学中，克服文化和生物方法的两分性的需要："在文化生态符号学的传统中，'自然仅仅是作为语言的指称物（或内容物）进入符号情景的'，……而生物生态符号学依赖于这样的假设：自然中发生的符号过程和对自然的知识无关。我认为，生态符号学的观点只能是这两种视角的交叉。它不能被简化为其中任何一种，从而超越了线性的两分逻辑。"②

唯其如此，生态符号学才有望完成它最重要的任务："帮助减少人类和自然之间产生交流的问题，因为从这个视角出发，它有可能对自然进行评论，就

---

① Kalevi Kull. "Semiotic ecology: Different natures in the semiosphere". *Sign Systems Studies*, 1998, 26, p. 350.

② Riste Keskpaik. *Semiotics of Trash: Towards an Ecosemiotic Paradigm*. (Master'sthesis. University of Tartu, Faculty of Social Sciences, Department of Semiotics.) 2004, Tartu: University of Tartu, p. 530.

像文化中的我们所做的那样，也有可能和自然对话，因为它对话的能力得以恢复。"① 这一方式所理解的生态符号学的作用，是连接、调节和翻译不同的符号系统，以及文化与自然关系中的符号系统中不同的结构层面，辨认并阐明有生命的自然中的分类可能、文本性和意义，并指出人类文化及文本中自然、动物性和非语言的方面。对实际的研究方法而言，这样的进路将会带来如下需要：对文化和非文化以及符号描述的不同层面之间的变化中的观点进行考虑，将文本的研究方法和自然科学的研究方法相结合；引入现象学的角度，允许研究者将他/她的参与作为文本和文化世界中的智力存在，并将这种参与作为自然世界与其即刻的感知、意义中的生命存在相结合。

作为生态符号学之方法论概念的自然文本

在实际分析的层面上，将生态符号学的两个分支融合起来的必要性将会导致一种研究方法论的形成，它包含了文化对自然的再现和自然自身的符号活动。这种分析之双重框架的理想模式对象就是自然书写（nature writing）。自然散文包含了作者的想象，社会的、意识形态的和文化的意义关系和张力，但它也包含了生命体、自然群落和风景所具有的特性，及其声场、交流、学习和繁殖的能力。对自然书写的理解不完全取决于对书面文本的解释，还取决于外在的自然的结构。自然拥有自己的记忆、运动和历史，如果外在的结构发生改变，对书面文本作出可能解释的领域也会改变。因此，生态符号学研究的目标也应当被认为是双重的：除了讲述自然、指向自然的书面文本之外，它还包括描述自然环境本身的部分，为了功能关系，自然环境肯定至少在某种程度上是文化性，或者可以被文本化的。② 我将把这种在这两个相对物之间的意义关系中形成的单元称之为自然文本（nature-text）。（见图1）

书面文本和自然环境之中关系间的运动，类似于两个相互关联的文本或者文本及其语境之间的关系，其间的互动对文本可能解释的形成影响重大。当文本处于语境中，为读者所熟悉时，它不需要传达所有的意义：从这个意义而言，这种关系是补充性的，仅仅将其指出就已足够。书面文本和自然文本之间的对应关系也可以是结构上的（如沿着自然路径进行描写的一系列文本），但

---

① 原文为爱沙尼亚语。

② 较之于自然文本，自然环境的结构和对其的感知是多模式的。因此，自然环境和书面文本不是作为两个平等的相对物而相关的，它们的关系和一对多的关系更为一致。

是，在两个实体之间很难有一对一的相应关系。取而代之的，是书面文本和能够存在于被描述的自然中的可能结构和意义空间形成对比。在自然中，平行事件和故事的多种模式同时发生着，它们不构成一个线性的序列，而是产生于不同的媒介和符号系统中。

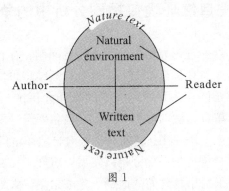

图 1

自然的意义要得以出现，并且和自然书写相关联，就需要人类符号过程的调节。因此，分析模式也应该包括书面文本的作者和读者，从而是四重的：（1）文本化的自然环境；（2）书面文本；（3）文本作者；（4）读者。每个参与方都以自己的符号活动为特征，它们之间的关系并不固定，而是在每一种情况下形成独特的模式。对自然散文的阅读经验可能是使读者想要游览被描述的自然的原因，但反过来也是可能的——读者先是熟悉了自然环境，而后对自然书写产生兴趣。由于作者对被描写的地区的熟悉程度不同，对自然散文的阅读体验也可能不同：这种熟悉程度在于，读者是住在这个地区，还是对于这里没有任何个人经验。此外，自然书写常常和作者从自然中获得的灵感相关，试图分享对自然的欣赏，但并非所有的情形都是如此。在对爱沙尼亚的自然书写中，有个事件广为人知：书面文本危及了自然环境。有个故事是关于姆拉卡高地沼泽的矿产岛的，文本中赞扬了此地的宁静和美丽，而这个故事变得如此流行，以致在读者中引发了对此地的强烈兴趣，他们的密集到访最终破坏了这个地区。

书面文本和自然环境之间的意义关系可能具有不同的张力。书面文本可能是开放的，包含了作者对不同地方的体验描写和各种不同的文化、文学含义。但自然散文也可能是封闭的文本，它以这样的方式和某个具体的地方相连，如果对描写的地方没有了解的话，就无法充分理解这个文本。由于这种与地方环境的特殊关系，自然文本是以地方性为特征的，而地方性被理解为"就符号结构的一个特征来进行分析，这些符号结构以如此的方式和环境一起出现，以致如果不大大改变结构或是结构所包含的信息，它们就无法脱离环境"。自然散文的特性可能会变得相当明显，在翻译过程中就是如此，文本中地方性的自然环境的出现可能会加大译者的翻译难度。

对把自然环境包括到分析中的争论

关于自然书写的这一理论方法可能带来一些问题：存在于书面文本外部的另一部分的本质是什么？在什么基础上，这一自然结构可以作为符号学研究对象的一部分？这些问题同作为日常时间中的人和元层次上的研究者的我们有关，与自然相关联、解释自然的能力有关。在塔尔图符号学的传统中，可以找到一些答案。总的说来，塔尔图－莫斯科学派对自然环境的关注不多。塔尔图符号学作为欧洲符号学传统的一部分得以发展，将文学和文化作为首要的研究对象。文化和文化外部的事物之间的区别，是塔尔图－莫斯科符号学派的建构中心，它很可能是对物理环境的建构性方法的阻碍。在对塔尔图－莫斯科符号学的一些解释中，这种区别也被描述为文化和自然之间的对立。同时，塔尔图－莫斯科符号学派的另一个中心概念，文本的观念，被理解得如此宽泛，以至于在某种情况下它也可以包含自然环境的某些部分。洛特曼和他的同事对文本观念的理解是模糊而广义的，不是将其定义为书写形式或线性结构，而是在文化中的运动和功能基础上对其进行定义的。从文化研究者的角度而言，文本是具有完整功能的某物（在概念的对象层面和元层面都是如此）。这种角度使得民族服装、音乐和绘画都可以被视为文本，如果考虑到它们在文化中被使用、理解和赋予价值的情况的话。如果在某一特定的文化中以某种方式和自然互动，使自然在文化中显然具有意义，那么，自然环境的部分也可以作为文本发生作用。①

在爱沙尼亚文化中，许多半自然的植物群落，如树植草坪和海滨草坪的存在（对人类文化产生着轻微却持久的影响），自然书写和自然影片的强烈传统，以及关于自然现象的丰富的民间传说，都是文化实践和自然环境在意义上的联系的证据。对自然的这种评价也是最好的证据，即至少在爱沙尼亚的文化中，将自然环境视为文本化的实体是有道理的。

---

① 在《自然和文本》一文中，兰迪维尔（Anti Randviir）把对自然的讨论分为隐喻性的文本和自然中存在的文本。在某一个范畴中，兰迪维尔认为现象是可以被阅读的："因为我们的（文化）经验，我们能够对现象的解释设置限制，而且很可能会对它们的本质（和起源）进行评价，我们就是在这个意义上来阅读的。"

　　杨普斯基（Mikhail B. Yampolsky），塔尔图－莫斯科符号学派年轻一代的代表，曾经写到，自然文本或地貌文本，是作为内嵌于传统语言和真实世界之间的文化部分的关系被表达的。他认为，这样的文本是在由物质性调整关系的语言中被创造出来的。他指出，对自然或地貌文本的解释是有问题的，因为缺失了有效的阅读符码。同时，在这位塔尔图－莫斯科符号学派的符号学家看来，为了获取文本的状态，文化中的现象似乎不需要被解码或者可被解码："在集体中流传、而不被集体理解的言辞被赋予了文本的意义，它和短语的碎片以及外来文化文本一起出现，是已经从一个地区消失的人们的铭文，是未明目的的建筑之遗迹，或者是从另一个封闭的群体引入的话语，比如说，由病人感知的医生的话语。"[①]

　　自然环境和外来的文化文本相似，它是由另一个文化引入或传入的；或者说，自然环境和在被遗忘之后再恢复的历史文本类似。在外来文本中，确定的发送者是未知的，它们的符码是人们不熟悉的，由此，它们往往会带来文化的多语性（polyglotism），这似乎也适用于作为文本的自然。和自然环境的意义关系往往发生在交流式的情形中，我们不知道确定的发送者是谁，或者说发送者是缺席的，或者发送者和接收者属于不同的物种，因而极为不同。[②]

　　在这里，相关的是，要引入英国教育理论家和符号学家斯特布尔斯（Andrew Stables）的论证，在现代文学理论中，作者的位置无论如何是模糊的，这就使文本的概念可能向自然现象开放。巴尔特、伽达默尔等人的书写产生了这样的观点：文本的意义是由社会和文化建构的，而不是作者个人。斯特布尔斯指出，在风景中，共享的意义之网延伸到了人类域之外，很难将人类、其他生命形式和自然力量的创造活动进行区别。从这一视角出发，自然环境可以被理解为共同的创造活动的结果，是由许多不同的物种个体所"写成"的，每个个体都源自于它自身的符号系统、环境界和生命活动。另一些作者，如海狸和蚂蚁，在很大程度上塑造着风景，引发许多其他种族——包括人类在内的居住者的变化。在风景中，野生动物的痕迹也是环境手稿的一部分。尽管对环境中这些变化的描述是由人类进行的，引起这些变化的动物的名字是由人类所

---

　　① Juri M. Lotman, Alexander M. Pjatigorskij. Text and function. In: Daniel P. Lucid（ed., trans.），*Soviet Semiotics: An Anthology*. Baltimore, 1977, London: The Johns Hopkins University Press, p. 129.

　　② 本文试图用文化的概念来研究自然和文化的关系，与此相似的是，库尔也认识到了，需要拓宽来自塔尔图－莫斯科符号学派的文本概念。在生物符号学的范式中，他提出了"生物文本"这一术语，将其理解为生命体解释自身中的符号过程的能力。

起的，我们必须承认，蚂蚁窝和海狸水坝自身就是动物作者们的创作和自我表达。

在很多情况下，不同生命体的生命活动融合在环境中，很难分辨出其中不同物种所作出的贡献。由此，自然成为媒介或者界面（interface），由不同的生命体阅读和书写。森林就是这种集体对环境进行创造的例子。在森林中，不同生命体的生命圈以复杂的方式得以结合。某些物种成为其他物种的居住地，某些生命体的腐烂成为其他生命体的食物或原料物质，等等。森林中充满了信息和交流性的关系，这和本文的主题相关，引出了这样的问题：人类如何对森林进行阅读？他们可以解释森林的哪些方面？如何解释？

要理解人类用于和自然进行交流、和自然发生联系的明确解释和交流实践，西比奥克的动物符号模塑概念能够派上用场。西比奥克将这一模式视为对塔尔图-莫斯科符号学派对符号模塑系统之区分的批评。众所周知，塔尔图-莫斯科学派认为自然是首度模塑系统。复杂的文化现象（文学、艺术、音乐、电影、神话、宗教）被视为二度模塑系统，因为它们源于自然语，建立在后者的基础上。西比奥克对这样的分类提出了相反的意见，认为自然语从另一个模塑系统——被感知的世界而言，既是个体发生的，也是系统发生的；在被感知的世界中，符号是由生命体的、物种特有的感知装置和神经系统辨别的，由它的行为资源和运动后果所调节。西比奥克认为，人类具有两个相互支撑的模塑系统——人类符号的语言系统，这是人类这一物种独有的；动物符号的非语言系统，它使我们和非人类的动物联系在了一起。对人类而言，首度的动物符号模塑系统的存在是很难被注意到的，因为我们生于其中（这就使它成了自明的），也因为它后来在很大程度上被传统的意义系统所覆盖。但是，如果我们对不同物种的感知能力和交流系统进行研究的话，被感知的世界的存在和特性就会变得更明显。直接的、空间的感知，触觉、嗅觉的感觉，以及人与人之间许多非语言的交流，都属于非语言模塑的领域。在描述这类现象时，语言资源常常是不够的，但通过文本手段来表达这类感觉是可能的（人们也是经常这样做的）。

对于自然书写，这样的观点将作者和读者视为两面的生物：作为文化的存在，我们具有认知、语言、文学表达的能力，但另一方面，作为生命体，我们也有通过感觉，通过与自然的关系和对意义网络的参与，从而感受到自然现象的能力。作为将感觉具体化的生物，我们人类通过声音、视觉、味道、触觉、身体运动和所有相应的感知，和其他生命及自然环境进行交流。作为理性的存在，我们可以辨别和描述这些感觉，在书写中对其进行表达和评价。在理解我们的身体过程、将其语言化的形式上，两种模塑系统之间也有着内部维度的不同。具有生物背景的心理状态，如焦虑、害怕、喜爱和狂怒，也是文学想象的重要动力。关于个体自己的内在感情、欲望和恐惧，可以被概括为对理解个体的内在本质的寻求，这是许多经典小说的主旨所在。

自然书写和即刻的环境体验相关，或许是研究这样的动物符号模塑路径的最合适的材料。这里，研究者的注意力可以转向人类作为生物物种的感知特性，转向人是如何在感知上和身体上与自然相联系的，以及表达这些经验的可能性。由于动物符号学的非语言模塑依赖于人与许多动物共有的生物基础，它使人和动物的交流关系成为可能。相似性使人类和动物之间的意义关系有可能出现，它存在于形态学（双边对称、肢节位置、身体和脸）、感知（感觉器官、交流渠道和声域的一致）、基本需求和意向（对食物、水、住所的需求，对意外的避免，疼痛和死亡）上，受同样的物理力量（重力）的影响，居住在同一环境中并与之相关，等等。

经由自然文本概念检视的自然书写：一些伦理意涵

如果我们同意以上观点，即认为将自然环境视为文本性的、和书面文本有关的看法是合理的，那么对于这一新型关系可能之于自然书写和自然研究的影响，或许就会产生一些问题。这些意涵在某种程度上，也适用于其他和自然环境紧密接触的文化文本，如自然纪录片、关于自然的民间知识、环境艺术等。首先，在自然环境、书面文本、作者和读者的框架中理解自然文本，这似乎为定义自然书写打开了新的可能。这是因为，自然书写的位置被改变了——自然书写是通过意义关系和自然环境的一部分相联系的书面文本，它有两个过程：和自然交流，同时，通过交流来评价自然。

在每一个书写行为中，作者都在可选的经验、思考、想象和想法中做出选择，而选择的结果则是以线性形式固定排列的词语。较之于自然散文相对局限的领域，自然中的事件、故事、感知和符号系统是多重的，在书写中尤其如此。由于这些选择决定了在人类文化中哪些会得到交流，哪些不会，书写活动就不可避免地成了对自然价值的决定。自然书写将作者的个人体验变成更大范围的文化体验，由此成为思考和评价自然的策略。同时，对自然的书写是一种承认，即这样的自然是值得书写和谈论的。如果将自然理解为是由各种对人类来说陌生的、部分不可获得的环境界和符号域所构成的，那么每一篇自然散文，都是为了让自然、陌生的符号域超越人类文化的解释界面所做出的尝试。

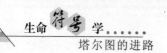

因此，根据自然文本的概念，可以将自然书写理解为对自然这一陌生的符号域进行欣赏的美学表达。

将自然书写视为自然文本，可以推出另一个结论，这和自然书写在文化中的位置相关。这一想法可以被描述为自然散文之一般性和特殊性的结合（也可以被视为可理解性和不可理解性的结合）。在书面文本和自然环境之间存在着张力的意义关系，它很大程度上决定了解释自然散文的可能性。一方面，自然散文和自然环境的过程和现象之间的紧密关系，使它的结构较之于其他文学书写更容易被预测。自然中的运动、不同动物的相遇、不同生命体的名称、对它们及其生活和行为的描述、气候条件、季节变化和个人对自然体验的回忆，都是众多自然散文的共有因素。

另一方面，只有当读者的自然经验至少在某种程度上和作者的经验相似时，才有可能对自然散文作出充分的解释。如果读者的自然经验和作者的有很大不同，或者说读者的自然经验完全缺席，那么，自然文本中许多指向自然环境的意义联结对读者而言就是无法获取的。在当代文化（如爱沙尼亚文化）中，自然书写的边缘位置似乎源于它本身的特性。对现代的、城市化的读者而言，由于对自然存在、各种符号和交流过程的形式缺乏认识和了解，身体和符号上无法接触到自然环境。在这种情形下，自然书写意味着，鲜有读者具有解释两种类型的文本——也就是书面文本和自然环境的文本——并将其进行联结的能力。自然书写的作品成了封闭文本，文化的共有意识认为它们并不重要，或者根本不存在，从而忽略了它们。同时，自然书写的作者和读者形成了一个很小但确立了的、同质性的群体（例如，在爱沙尼亚，很少有自然书写的作者从事除此以外的纯文学创作）。除了依附于自然，这两类文本相互支持的影响也可能有助于这一群体的形成——自然书写使得读者不需要任何文学的调节，就直接经历了自然，而个人的自然经验使他们回到自然书写上，去寻找其他人的类似经验。

结论

要发展生态符号学，一个重要的背景和支撑就是，要明白生态方法之于符号学并不陌生，它事实上存在于符号学的基础之中。除了专门的生态符号学论述之外，雅柯布森和西比奥克的交流模式，贝特森（Gregory Bateson）的语境思想，以及从事语言哲学、翻译研究的作者们的著作，对于从生态学视角来丰富符号学也可以是有所助益的。

生态符号学本身有几个根基和解释。其中，最重要的是生物的和文化的生态符号学，它们延续了美国的实验主义皮尔斯符号学和欧洲索绪尔符号学业的分野。生态符号学致力于研究自然中和文化再现中的符号学活动，因此，这一分野特别令人担忧。凯斯派克将生态符号学的主要目标描述为解决人类和自然之间的交流问题。只有当生态符号学研究文化中对自然的再现，将符号活动视为自然中原本发生的过程，或许最重要的是，只有当生态符号学注意到这两者之间是相互关联的时候，我们才能够完成这个基本任务。本文讨论了使用塔尔图－莫斯科符号学派的遗产来发展生态符号学的可能，引入了自然文本的概念，将其当作弥合文化的和生物的生态符号学之间罅隙的方法论上的可能。在自然的符号活动本身的框架下，对自然在文化中得以再现的方式进行描述，这或许可以帮助我们准确地指出我们和自然的交流关系中的问题，并阐明恢复和谐的可能性。[①]

［Maran，Timo 2007. Towards an integrated methodology of ecosemiotics：The concept of nature－text. *Sign Systems Studies* 35（1/2）：269－294.］

---

① 本文受益于和凯斯派克、库尔、索坎德和图乌尔的讨论，特此致谢。

对垃圾的符号学定义

雷斯蒂·凯斯派克著　彭佳译

人类的丢弃物（Human discards）[①] 可以告诉我们将它们丢掉的人的习惯和信仰体系，甚至可能会让我们一窥整个人类文化。尽管如此，迄今为止符号学家在这一领域还少有发现。是我们被规定了将这一现象抛诸脑后的文化准则所蒙蔽了，还是这个主题就是因为缺乏相关理论而未能引起注意？直到最近，文化学者们才开始对垃圾这一主题所固有的创造性可能予以关注。

1973 年，亚利桑那大学启动了一个研究计划，以获取人类行为和垃圾之间关系的实际信息和数据。学者们使用的是考古学方法，将人们的丢弃物整理出来，在垃圾填埋场进行挖掘，希望能发现是否有"从'幕后'调查人类行为的可能"[②]。这种方法被证实是很有成效的，它取得了对于由实验结果支持的几种文化行为模式的有价值的领悟。亚利桑那的垃圾项目为消费者习惯、垃圾填埋场的位置、生物降解和垃圾的回收利用提供了详细的数据。

亚利桑那的垃圾研究者们相信："要对垃圾进行理解，你就得接触它、感觉到它、对它进行分类、闻它的味道"[③]；与此不同的是，其他的学者则试图"对垃圾进行筛选"，而不把手给弄脏。在《美国符号学期刊》（*American Journal of Semiotics*）关于垃圾符号学那期专刊中，可以看到这种方法的大成。亚当斯（Walter Randolph Adams）认为，这一期专刊是作者们"智力尝试的残留物"的搭配组合。这些研究垃圾的符号学家对文化和社会（可以）评价过程

---

① 英语中有不少同义词，如 rubbish, refuse, garbage, trash, 等等，用以指人类的丢弃物。在这个研究领域，学者们所用的术语也不尽相同。道格拉斯（Mary Douglas）用的是"dirt"一词，拉斯杰（William Rathje）和墨菲（Cullen Murphy）用的"garbage"，而阿尔贾蒂尼（Robert Artigiani）的文章主题词用的是"trash"。我选择使用垃圾（trash）一词，因为它是指的最为广义的人类丢弃物，而且可以在本义和隐喻意义上对它进行使用。

② Rathje, William; Murphy, Cullen 1993. *Rubbish*! *The Archaeology of Garbage*. New York: Harper Perennial, p. 14.

③ Rathje, William; Murphy, Cullen 1993. *Rubbish*! *The Archaeology of Garbage*. New York: Harper Perennial, p. 13.

中的各种例子和不同方面进行检视，关注了对垃圾这一概念的隐喻性使用。他们采用了几个符号框架。迪克森（Keith M. Dickson）、米勒（David Miller）和索提伦（Patricia Sotirin）以及帕萨列洛（Phyllis Passariello）沿用了人类学家道格拉斯使用的结构主义方法来研究垃圾。与此有很大不同的是，阿尔贾蒂尼从信息理论和开放系统（如普利高津）理论出发，对垃圾在生活和文化发展中的一些积极方面进行了描述。而亚当斯的研究则注重了结构和动力的两个方面，他将垃圾首先定义为一个符号现象，并声称与之相关的问题需要用符号学解答。①

我们将对垃圾研究的符号学方法进行简单的回顾，主要关注几个问题：垃圾在什么语境之下成为符号学分析的对象？对垃圾研究的理论建构如何与我们对垃圾的日常理解相联系？垃圾在文化中对文化而言的作用是什么？垃圾是属于自然的，还是属于文化的？在洛特曼的符号域理论基础上，我们将会提出一个更宽广的理论框架，并检视它对生态符号学的潜力。

结构人类学框架中的垃圾

列维·斯特劳斯认为，人类是用将语言类型化的同样的方式来建构他们的世界结构的。人类思维的类别建立在二元对立的原则之上。人类文化组成了一个一体化的系统，它符号性地代表着世界的秩序。这一符号系统也是人类在他们的世界中的趋向和他们在社会中的行为的实践工具。

然而，如同利奇（Edmund Leach）和道格拉斯所展示的那样，不管类型系统可以多么繁复和区别化，总有一些现象可以对类型化进行否定，这些现象在文化中获得了特别的地位。利奇认为，在我们对世界的文化感知中，我们对"事物"（things）和"非事物"（non-things）进行了区别：

> 我假定一个小孩的物理和社会环境是作为一个连续体被感知的。它不包含任何本质上单独的"事物"。孩子在适当的时候会受到教导，给这个环境加上一种区分性的坐标，用以区分出一个由大量的单独事物组成的世界，每一事物都被赋予了一个名称。……
>
> 如果每个个人都必须学习用这种方式来建构自己的环境，那么，极为重要的是，这种基础的区分应该是清晰的、不模糊的。在我（me）和它

---

① 除了本文讨论的这些研究，博克（Herbert Bock）和扎菲罗夫（Boge Zafirov）、波斯纳（Roland Posner）的论文也对垃圾的符号学方面进行了讨论。

（it）之间，或者我们（we）和他们（they）之间，是绝对没有疑问的。……通过对语言和禁忌的同时使用，我们获得了……这种感知。语言给予了我们分辨事物的名称；禁忌禁止了我们辨认出连续体中那些将事物区分开的部分。①

根据利奇的看法，"非事物"的一个例子是身体的排泄物。排泄物威胁了"我"（me）与"非我"（not me）之间的基本分界，这就是它们在所有的文化中都是禁忌的原因。但是，尽管它们的状态是非事物，这些物质不仅仅"感觉起来是肮脏的——它们是有力量的，在全世界范围内，正是这种物质是'魔药'的主要原料"②。因此，模糊的因素在文化上是受压抑的，但也被赋予了超自然的力量。

道格拉斯对与宗教意义上的污染和净化相关的仪式、禁止和详细的文化规则进行了检视。她的研究表明，清洁性是文化所认真考虑的一个问题。她争论说，在传统的宗教污染概念和对垃圾的现代概念之间，并没有基本的不同：两者都旨在创造和维持人类经验中的秩序。她的结论是，在对污物的反应和对模糊性或是异常的反应之间，有着概念上的连续性。③ 这些现象证实了文化建立的分类系统的人为本质，对它的（符号）秩序造成了持续性的威胁，因此，垃圾的问题是和文化的起源密切联系在一起的。

道格拉斯认为，"考虑到秩序化涉及对不合适的因素的抛弃，污物是系统性的秩序化和对物之分类的副产品"④。由此，垃圾被构想为"被抛弃"的事物的"残留类型"，和其他类型不相适合。此外，它也包含着危险的事物，如果不能将其去除，也最好能将其避免。尽管何为垃圾总是由具体的文化秩序决定的，但垃圾却是这样一个普遍类型。

---

① Leach Edmund 1966. Anthropological aspects of language：American categories and verbal abuse. In Lenneberg, Eric H.（ed.）, New Directions in the Study of Language. Cambridge, Mass：The M. I. T Press, pp. 34—35.

② Leach Edmund 1966. Anthropological aspects of language：American categories and verbal abuse. In Lenneberg, Eric H.（ed.）, New Directions in the Study of Language. Cambridge, Mass：The M. I. T Press, p. 38. 关于身体的残留物的力量和神圣性，进一步的分析请见 Passariello Phyllis 1994. Sacred waste：Human body parts as universal sacraments. *American Journal of Semiotics* 11（1/2）, pp. 109—127.

③ Mary Douglas. *Purity and Danger：An Analysis of the Concepts of Pollution and Taboo.* 1984, London：APK Paperbacks, p. 5.

④ Mary Douglas. *Purity and Danger：An Analysis of the Concepts of Pollution and Taboo.* 1984, London：APK Paperbacks, p. 35.

　　如同道格拉斯告诉我们的，垃圾和污染的文化类型与秩序的创造是自然联系在一起的，并且，由于秩序总是易于败坏的，要把垃圾消除掉，或者对它完全视而不见，是不可能的。就如我们不断地从混乱中创造秩序一样，我们一直面对着垃圾。创造秩序的同时也意味着创造垃圾，因此，垃圾和秩序就像同一枚硬币的两面一样，这就为垃圾在文化中带来了积极的意义。垃圾建立了边界，确定了它所不适合的范畴。它表明了一种不会导致破坏，而是导致创造性的动力。它甚至能够成为人类和超自然力量之间的调节物。它是一种资源，从中可以创造出新的事物。它作为"创造性的无形的适合象征"[①]，这一优点在创世神话中最为自然地得以表达，这些创世神话解释了世界从灰尘、泥土甚至"原初的排泄"[②] 中而来的起源。

垃圾在文化动力中的作用

　　尽管道格拉斯强调，垃圾在文化的动力中起到了重要的作用，她的结构人类学模式却不能充分地处理这一现象的动力方面。处理这些方面的模式来自于复杂动力系统的理论，尤其是普利高津的耗散结构理论。

　　阿尔贾蒂尼用熵理论将垃圾解释为，具有"热力学和信息的意义"[③]。作者引用了热力学第二定律，证明了如果将垃圾看作熵的话，它的涵义就可以既是消极的也是积极的。他将美国的宪法史作为一个验证的案例，试图在垃圾和社会研究之间建立关联。[④] 阿尔贾蒂尼在耗散结构理论的基础上，将社会描述为一个开放的系统，它和封闭系统不同，从外部环节中自由地利用资源，并且通过将废物从环境中驱逐出去，成功地使局部层面的熵维持在低水平。如普利高津展示的，在熵和进化之间有着密切的关系，因为"通过增加外部熵的生产率，系统能够进化到复杂性更高的层次"[⑤]。在信息方面，可以说，"开放系统

---

　　① Mary Douglas. Purity and Danger：An Analysis of the Concepts of Pollution and Taboo. 1984, London：APK Paperbacks, p. 161.

　　② Keith M Dickson. "Ritual semiosis—Mombojumbo：Magic, language, semiotic dirt". *American Journal of Semiotics*，1994, 11（1/2），p. 165.

　　③ "在热力学方面，熵指的是疆界的能量，它不再被系统所获取。在信息方面，熵指的是'噪音'，一些跨越了不能被系统处理的边界的流动。" Robert Artigiani. "Send me your refuse：The U. S. Constitution as trash collector"，*American Journal of Semiotics*，1994, 11（1/2），p. 249.

　　④ Robert Artigiani. "Send me your refuse：The U. S. Constitution as trash collector"，*American Journal of Semiotics*，1994, 11（1/2），pp. 249—250.

　　⑤ Robert Artigiani. "Send me your refuse：The U. S. Constitution as trash collector"，*American Journal of Semiotics*，1994, 11（1/2），p. 251.

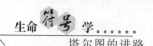

变得更复杂，即传播更多关系这个世界的延伸部分的信息，方法之一就是将系统之外的'噪音'予以吸收"①。

开放系统及其环境之间的关系是相互的。社会系统的生存能力和发展取决于这个系统使用环境内的变化的能力，取决于它扩展自身疆界、从环境中吸收要素的能力，这会改变它的内部结构。从环境中吸收要素，会导致社会系统产生的熵值增加。这一社会系统的模式可以被用于解释美国的社会演进：阿尔贾蒂尼将美国宪法的作用描述为它的组织原则。宪法的建立者们并没有对所有可能的违法行为进行预先规定，并指定所有必要的对策，而是建立了非常普遍的程序规则。他们的策略成功地使美国社会保持了对社会环境中的变化和革新的适应性，这一点他们自己也没能预见到：

> 社会的不安是由已确立的社会经济结构所忽视或错误对待的个人，或者群体，所传播的"噪音"。这些人——如黑人、女性或者城市贫民——从已有社会的视角来看是"垃圾"。对他们来说，要强行进入按照传统所建构的社会结构，就意味着要对这些系统进行破坏。但是，由美国宪法所引入的、组织社会的新程序对于在社会过渡的熵爆发中保持秩序，有着出人意料的优势。由此，社会可以产生内在的波动安排，通过将噪音转化为信息，它代表了自组织的更为复杂的形式。②

这一解释关注的不是什么是垃圾，而是垃圾要怎么样才可能在社会系统演进的过程中，成为它整体中的一部分。但是，阿尔贾蒂尼未能在作为被产生的某物、被认为是外在于系统的垃圾，和可能被系统吸收或同化的、作为资源的垃圾之间作出区别。如果所有外在于系统的都被认为是"垃圾"，就无法理解作为"废物"的垃圾和作为"资源"的垃圾之间的差异。

阿尔贾蒂尼分析垃圾的系统理论方法和洛特曼的符号域理论有相似之处。③ 这一模式为从一个符号系统内部的环境中吸收要素的过程，提供了更好

---

① Ibid.

② Robert Artigiani. "Send me your refuse：The U. S. Constitution as trash collector", *American Journal of Semiotics*, 1994, 11 (1/2), pp. 254−255.

③ 洛特曼认为，符号域是文化过程的动力观点模式："我们可以谈到符号域，它和（维尔纳茨基的概念）生物域类似。我们将把它定义为语言存在和作用所必需的符号空间……"（Juri M. Lotman *Universe of Mind：A Semiotic Theory of Culture*. 1990, London：Tauris, p. 123）。符号域可以被比作由外部的边界而定义的个体主体，这一边界将"内部"和"外部"隔开，具有自己的、主体的"自我意识"。尽管符号域可以被描述为一个层级结构系统，比起稳定的结构来，它更像是一个有生命的有机体。

的描述方式。普遍意义上的文化和任何具体的文本都可以被视为独立的符号域。符号域的内部是这样组织的：对文化的自我描述更为重要的文本构成了中心，而没有那么重要的文本则处于边缘。组织符号域内部空间的原则保持着稳定，而结构本身是处于持续的运动中的：边缘结构会获得声望，吸引支持者，直到它们被承认为文化的中心，并且最终反过来被其他的边缘结构所取代为止。① 除了符号域中的结构的永恒流动之外，在符号域的外部边界，还有着持续的双重流动：

> 边界是一种将外来的符号文本翻译为"我们的"语言的机制。它是"外部的"转化为"内部的"的地方，是一层过滤膜，它将外来文本进行转化，使它们成为符号域内部符号的一部分，同时保留它们自己的特性。②

文化边界是"符号化过程的热点"，因为它们是"外部持续入侵的地方"。③ 文化的动力是由两个过程取得的，即符号域内部的结构流动和对符号域外部的持续翻译。"翻译"的概念就暗示了，之前被认为是外部的某物，被包含在了文化的全部领域之内，和文化的其他要素相关。翻译也出现在符号域内的两种符码之间。

从这个角度，我们可以把垃圾的生产视为一个翻译机制。通过将某些文化对象称为"垃圾"，我们使这些对象获得了这一意义："被拿走或需要被拿走的某物。"对象失去了它们的身份，被降低至垃圾的范畴。④ 它们被剥夺了"意义"，被推至文化的边缘。这样的"翻译"是一个动力性的过程，因为它将"垃圾"推向了文化的边缘。从文化的中心看来，边缘和外部好像是"垃圾"一样，至少在评价层面上是如此。

对垃圾的另一个具有原创性的符号学定义是由亚当斯提出的。他描述了垃圾处理中的三个相继的阶段。每个新的阶段都要求花费额外的精力和时间。在

---

① 参见 Juri M. Lotman *Universe of Mind*：*A Semiotic Theory of Culture*. 1990，London：Tauris，pp. 123－142；Juri M. Lotman "O semiosfere." In Lotman Y.，*Izbrannye stati*：*Stati po semiotike I tipologii kultury*，Vol. 1. 1992，Tallin：Aleksandra，pp. 16－18.

② Juri M. Lotman *Universe of Mind*：*A Semiotic Theory of Culture*. 1990，London：Tauris，pp. 136－137.

③ Juri M. Lotman *Universe of Mind*：*A Semiotic Theory of Culture*. 1990，London：Tauris，p. 136，p. 141.

④ Mary Douglas. *Purity and Danger*：*An Analysis of the Concepts of Pollution and Taboo*. 1984，London：APK Paperbacks，pp. 160－161.

第一个阶段，"人们丢弃、忽视垃圾，否则就压制垃圾"①。在除去没有价值的事物时，应该花费尽量少的精力。

当垃圾积累成为混乱的来源时，第二个阶段就出现了。"人们想要继续忽视'它'，但他们做不到，因为他们必须对'它'采取点什么行动。"② 对这一困境的文化解决是发展出仪式，比方说，如何对待社会上的少数群体，或者献祭，或者将某种垃圾现象（如人类的排泄物）作为禁忌。在这一语境下检视我们打扫和去掉废物的实践在何种程度上是一种仪式，并且观察这样的习俗是如何加强了我们的信念，让我们相信要把垃圾置于控制之下，是很有趣的。当然，仪式化不能够成为解决垃圾堆积问题的方案，但是"这些仪式迫使我们承认，我们创造出了废物；同时，它们又允许我们忽视这一现实。由此，垃圾成了文化的一部分，并继续成为文化的一个短暂部分……垃圾处理的仪式化会一直起作用，直到另一种外在性使得这一行为过程不再可能。于是，人们将垃圾作为他们的文化的一个内在部分。为了这么做，他们求助于一个更高的指称框架"③。

亚当斯认为，对垃圾问题的解决是符号上的。要处理垃圾，就要创造和传播新的设计。这一努力就要求人们花费更多的时间、精力和金钱。人们总是不愿意改变他们的习惯和思考方式，当提出的新方式耗费时间和精力时更是如此。这就是问题的关键。从系统理论的角度，文化和其他任何有生命的体系一样，如果不能持续地适应它内部和环境中的变化，不能将"噪音"融合进来并对它进行翻译，不花费时间和精力，就无法发展甚至无法生存。

对垃圾的符号学定义

大部分与垃圾有关的理论都是作为其他理论的副产品出现的。然而，这一问题却同时要求对它自己进行定义。迄今为止，对垃圾的分析是很不完整的，因为它们被局限在这一现象的一部分特征之上。对它的定义在很大程度上受惠于这些定义得以发展的理论框架。既然我们无法看到关于垃圾的综合定义，那么，对目前已有的部分稿件进行总结，将它们在更大的符号学框架内加以定位，并且对更好地理解这一现象提出几个进一步的建议，也就足够了。

---

① Walter Randolph Adams. "Sifting through the trash". *American Journal of Semiotics*，1994，11 (1/2)，p. 66.

② Ibid.

③ Ibid.

　　如果考虑到我们在日常生活中对垃圾是如何感知的，目前的讨论模式就是不充分的。垃圾在文化中是很普遍的，这是由于这样一个事实：文化，无论它是自我平衡的系统，还是符号性的结构，都需要去除威胁它存在的残余物。这种丢弃对象是文化所特有的。[1] 对事物的丢弃，是将事物进行物理性迁移的一个过程。将某物称之为"垃圾"，它的符号地位就改变了。对象变成了符号性地"被迁移"的物。当事物被丢弃时，它们就不再作为文化的成员而存在了。它们被故意地遗忘了，我们相信，它们已经被推到了文化的"外边"。在洛特曼看来，在文化中心的视角下被认为是属于非符号世界的对象，可能从这一文化的外部看来，是属于它的边缘部分的。因此，既定文化的边界是由观察者的位置决定的。同时，垃圾是不是文化的一部分，这取决于判断者。例如，垃圾研究者们就将它视为文化的一部分。就他们而言，垃圾填埋地是"信息的宝藏，它可能……产生对我们自己的（社会）本质的有价值的洞见"[2]。当我们遇到天然的野生环境中的垃圾时，我们也会产生这样的直觉。

　　将垃圾当作标志文化外部边界的一个现象，是最为合适的。由于边界"属于相接的符号域两方"[3]，要同时将垃圾看作属于文化和非文化是不可能的。我们已经知道，符号域的边界是作为翻译的过滤层起作用的：边界之外的必须被"翻译"为符号域的"语言"。从任何方向超越边界的事物都会被认为是垃圾。一方面，称某物为"垃圾"，它们就被文化（符号性地）排除了；另一方面，外部的事物大体上在这一文化中不具有肯定性的价值，看起来就像"垃圾"一样。垃圾往往被放置在居住区域的边界，在无法居住的地区，这不仅是符号性的，也是物理性的。这些地区作为文化的最后边界点出现，逐渐和自然相融。注意到这一点，是非常有趣的。

　　垃圾是一个模糊了文化和自然之间边界的现象。几个世纪以来，人们将他们的废物排入自然，其中很大一部分都消失了。这就支持了这样的概念：垃圾是相对于文化的现象。但是，由于我们的文化在今天面临着和垃圾的累积、危险的废物以及对自然资源的污染相关的问题，因此我们正在对这样的态度作出否定。"要理解或解决人类面临的生态问题，生态学知识是不够的，因为这些

---

　　[1]　再有，垃圾并不仅仅是文化上的普遍现象，所有生命体都需要去除它们新陈代谢的残余物。但本文并不对这一方面进行讨论。

　　[2]　William Rathje, Cullen Murphy. *Rubbish*! *The Archaeology of Garbage*. 1993，New York：Harper Perennial, p. 4.

　　[3]　Juri M. Lotman *Universe of Mind*：*A Semiotic Theory of Culture*. 1990，London：Tauris, p. 136.

问题是某些深层的符号和文化过程的结果，和生态的、生物的问题交织在一起。"① 因此，将垃圾在符号学上定义为文化的边界现象，是向生态符号学的一个迈进，这门学科似乎可能会直面当今世界上这些最重要也最困难的挑战。②

结论

从文化理论的角度而言，垃圾研究的方法来自于两个重要的理论传统，结构人类学和动力系统理论。在结构人类学的视野中，垃圾是作为对文化造成威胁、因此成为禁忌的事物类型出现的，但这一框架也承认了垃圾的积极方面，尤其是它作为文化革新来源的作用。在动力系统理论的视野中，垃圾被证明是文化动力的一个现象。阿尔贾蒂尼证明了，社会系统的发展和存在取决于它除去废弃物的能力和它吸收废弃物的能力。在洛特曼的符号域理论框架中，对垃圾的定义考虑到了它的结构和活力这两个方面。在这一语境下，垃圾可以被定义为标记文化与非文化（自然）边界的一个现象。对垃圾的这一定义打开了生态符号学的视野，这或许是迈向实际解决与垃圾和污染相关的环境问题的一步。

［Keskpaik，Riste 2001. Towards a semiotic definition of trash. *Sign Systems Studies* 29（1）：313—324.］

---

① Kalevi Kull. "Semiotc ecology: Different natures in the semiosphere", *Sign Systems Studies*, 1998，26，p. 366.

② Ibid.

风景的符号学研究：
从索绪尔符号学到生态符号学

卡蒂·林斯特龙，卡莱维·库尔，汉尼斯·帕朗著　彭佳译

　　丹尼斯·科斯格罗夫（Denis Cosgrove）曾指出，在风景研究中有两种不同的话语，即生态学话语和符号学话语。"风景的符号学研究方法对声称模仿性地再现了塑造我们周围世界的真实过程的科学论断持有怀疑。它的学术重点更多的是放在语境和过程上，文化意义经由过程投注到、并且塑造着只有人类的认知和再现才能了解其'本质'的世界，因此，文化意义总是被符号所调节的。"① 他明确地呼吁这两种话语之间的合作、彼此尊重和理解，认为没有什么生态学的解释或生态政策可以忽略文化的意义制造过程的作用，而我们也必须认识到，"意义总是植根于生命的物质过程的"②。

　　我们很难准确地指出"风景符号学"的开端，因为风景研究很少明确地使用符号学术语，尽管在诸如风景再现与偏好、风景中的权力关系展示和社会结构与记忆在风景中的体现等方面，产生了大量固有但不明的符号学学术成果。许多著作都可能属于风景符号学，但它们并没有把自己看作是风景符号学研究。除了塔尔图大学自 2005 年教授的风景符号学课程之外，在大部分情况下，风景符号学在大学课程中还不是一门独立的学科。许多研究风景的学者对"符号学"的理解比符号学作为一门学科对自己的理解要狭窄得多，他们多半只是把符号学等同于语言学，或者索绪尔式的符号学（semiology）。另一方面，符号学学者们往往在进行概念选择时偏向使用"社会空间"（social space）

---

① Denis Cosgrove. "Landscape: Ecology and semiosis". In: Palang, Hannes; Fry, G. (eds), *Landscape Interfaces: Cultural Heritage in Changing Landscapes*. 2003, Dordrecht: Kluwer Academic Publishers, pp. 15–21.

② Denis Cosgrove. "Landscape: Ecology and semiosis". In: Palang, Hannes; Fry, G. (eds), *Landscape Interfaces: Cultural Heritage in Changing Landscapes*. 2003, Dordrecht: Kluwer Academic Publishers,. p. 15.

一词，尤其注重城市符号学研究。[①] 在很多时候，"空间"、"地方"和"风景"这几个词是混用的，它们之间没有什么术语上的严密性区分（在人文地理学中这种情况也并不少见）。在邻近的学科，比如旅游符号学和建筑符号学之间，往往很难划分界限。阿尔莫·法里纳（Almo Farina）从自然科学出发，积极地对风景生态学作出了符号学的解释，但科斯格罗夫所呼吁的、对风景研究的生态学和文化符号学分支的更为广泛的综合仍然有待推进。在索绪尔式符号学/结构主义和生态学的浪潮中，我们可以看到，在现象学、皮尔斯符号学和文化符号学的帮助下，尝试将风景的符号学研究具体化和实质化的著作日渐增多，在未来的几年中，可能会有助于形成新的、正在兴起的综合体。

在本文对风景的概念给出简短定义之后，我们会根据符号学的不同理论派别，如（但不限于）索绪尔符号学、皮尔斯符号学和塔尔图－莫斯科文化符号学派，对现有的风景符号学著作进行概括。我们主要集中在明确地将"风景"（而不是与此相近的"空间"、"地方"或"环境"概念）作为研究概念的著作上。在最后一部分，我们会对风景概念的符号学分析可能性进行简短的展望。

一、术语背景：风景的概念

在普通的日常用语和学术界中，"风景"（landscape）都是个含糊的词语，用法多种多样，从用以意指同一个地方的范畴或环境中人类痕迹的术语，到意为对某人所处环境的纯粹的心理意象，它在不同的学科间、在它自身发展的不同阶段，有着各种不同的定义。它在学术界和地理学本身中得以流行，并且进入了环境保护政策的话语，这都没有减少这一概念的模糊性，但令人惊奇的是，它的作用性也没有受到太大的损害。

在主要的日耳曼语和罗曼语系中，"Landscape"一词的流行用法经历了变化，从意为"一个有限地区的居住者"，到"作为政治统一体的一个特别地区的国土"，到"对既定地区的图画"，或者"美学上在某人视野中令人愉悦的一片土地"。后者是如今在这些语言中运用得最为广泛的意义，它和佛兰德风景画有着直接的关系。

"风景"一词所谓专门的学术研究概念，也并非是很明确的，它的范畴从纯

---

① 如 A. Ph；Boklund－Lagopoulou Lagopoulos. *Meaning and Geography：The Social Conception of the Region in Northern Greece*. 1998，Berlin：Mouton de Gruyter；Mark Gottdiener，. *Postmodern Semiotics：Material Culture and the Forms of Postmodern Life*. 1995，Oxford：Blackwell；Anti Randviir. *Mapping the World：Towards a Sociosemiotic Approach to Culture*. 2008，Koln：Lambert Academic Publishing.

粹的物理现象延伸到了视觉或文化形象。当它作为从风景生态学和地理学，到人类学和艺术史等不同学科的术语来使用时，这在一定程度上是不可避免的。艺术史将风景视为一种明确的类型（genre），描绘的是某一距离上的自然景物的景色，或者更为宽泛的，将其视为"在美学上被处理过的"、"由艺术视野安排的"、经过调节的土地，① 而风景生态学在标准的说法上，将其看作"在至少一种利害关系因素上具有空间异质性的地区"，一个空间上的拼接，其间展开了生态系统的关系，而风景生态学旨在揭示空间模式和生态过程之间的关系。

目前，在欧洲的风景研究中，在政治上运用最为普遍也最可能取得广泛认同的定义，或许是《欧洲风景公约》（European Landscape Convention）中所提出的定义。② 该公约是欧洲理事会于 2000 年在佛罗伦萨采用的，目前有 32 个国家签约认可，6 个国家没有签字。公约对风景一词的定义如下："……由人所感知的地区，它的特点是自然和人类因素的行为和互动的结果"，以及"……人们环境的基本组成部分，对他们共有的文化和自然遗产的多样性的表达，以及他们身份的基础"③。

这一定义包含了几个当今大部分欧洲风景研究者或多或少认同的假设：

1. 风景并不限于物理上的地貌，也不限于文化形象或看待它的方式：它是一个整体概念（holistic notion），将物理区域和感知主体或社会具有的、与它相关的文化理念联系到了一起。它是一个人文现象。

2. 不同的文化（包括亚文化和权力群体）有不同的风景。

3. 风景是在时间中形成的，必定是一个历史现象。它保留了曾经重要或者现在很重要的（自然和文化遗产的）痕迹。在身份建构中，这些痕迹可以被解释和使用。

4. 风景是一个集体现象，但同时，在定义风景的质性时，个体的感知也是非常重要的。集体性和个体感知的重要性在定义中并非是相互矛盾的因素。

5. 风景具有区域性的特征。

本文描述的研究风景的方法并非都是从这些假设出发，强调这一定义中的这个或那个方面的。但是，这些假设大体上是我们理解和建议未来的风景符号学研究的基础。

---

① Malcolm Andrews. *Landscape and Western Art*. 1999，Oxford：Oxford University Press.

② 官方文本请见 http://www.coe.int/t/dg4/cultureheritage/heritage/landscape/default_en.asp.

③ 《欧洲风景公约》第五条。

二、风景符号学的索绪尔符号学方法

对许多学术背景并非符号学的学者而言，"符号学"一词大约等于语言学中的意义和表意分析。"符号学""索绪尔符号学"和"语言学"经常作为同义词出现，在几部地理手册中，作者对图像研究和风景符号学作出了区分①，但是，在符号学家看来，它们都是符号学的整体部分。在实用的风景符号学中，从索绪尔、巴特尔到格雷马斯，结构主义是最受偏爱的方法，于主要研究领域在符号学之外的学者中，包括地理学家、建筑学家，也是如此。

索绪尔符号学分析的方法论主要在于，将不同的语言学概念运用于对风景要素的研究。这种方法是许多地理学者共有的，尽管他们并没有明确地声称自己使用了符号学，但他们仍将风景作为需要被"阅读"、作为交流系统发生作用的"文本"来讨论。例如，邓肯（James Duncan）指出，一整套文本设施中，如修辞（提喻、转喻等）使得风景可以传达信息，并对社会秩序进行再生产。这一方法经常强调这样的事实：风景符号并不像它们看起来那样无辜，而是有意识或无意识地卷入了权力、种族、性别和民族主义的话语之中。② 又如，拉戈波罗斯（A. Ph Lagopoulos）和博克隆德－拉戈波罗（Boklund－Lagopoulou）从格雷马斯出发，区别了 32 种不同的社会符码，我们对地区空间的概念是由这些符码建构的，它们可以分为经济符码、社会符码、功能符码、生态符码、地形学符码、个人符码和建设环境与历史的符码子集。③

在 20 世纪后半叶的科学史上，文本这个概念本身历经了几次变化，使得其间的声音更为多样，并且将更多权力让渡给解释者，减少了文本生产者的权力。尽管如此，方法论上的进路还是相似的：在显然是中性的物理形式中对个体的符号、符码和信息进行识别，重点几乎总是放在解释者而非发送者一方。尽管有所发展，文本的隐喻仍然是相对僵化和等级化的。它的流动性相当低，创造性和自发的不规则运动的空间相当狭小，这和塔尔图－莫斯科学派的文化符号学中使用的"文本"概念非常不同，后者具有相当的活力，包括创造性（即不受约束的未来可能性和不可预测的过程）和记忆（即个体化的过去），这和晶体化的普遍符号是相反的。

---

① Mike Crang，. *Cultural Geography*. 1998，Oxon：Routledge.

② James S. Duncan，. *The City as Text*：*The Politics of Landscape Interpretation in the Kandyan Kingdom*. 1990，Cambridge：Cambridge University Press，pp. 209—217.

③ A. Ph；Boklund－Lagopoulou Lagopoulos. *Meaning and Geography*：*The Social Conception of the Region in Northern Greece*. 1992，Berlin：Mouton de Gruyter.

（一）再现方法

从 20 世纪 70 年代开始，随着如段义孚（Yi-Fu Duan）、爱德华·雷尔夫（Edward Relph）等现象学家的著作问世，人们对更为主观的人类风景经验的兴趣被点燃，地理学的所谓"文化转向"带来了"对'现实'和对'现实'的知识的构成中的语言、意义和再现的高度反映性"，以及对经济和政治方面、对身份和消费，还有对种族、性别和阶级的文化建构之于风景的影响的注意。和量性的物理学风景概念的冲突可能是在纯粹的构想概念中达到顶峰的，如丹尼尔斯（Stephan Daniels）和科斯格罗夫著名的观察，"风景是一个文化形象，是再现、结构周围，或将其象征化的形象化方式"①，这使得风景的概念几乎不对外在世界有任何物理指称。丹尼尔斯和科斯格罗夫后来自己修正了这个极端的定义，但如今对风景的主流定义仍然对文化及其在环境塑造中的作用相当自觉，在定义中包括了物理的土地形式，以及它的文化形象、再现，及其对物理风景过程的影响。在几部标志性的出版物中，这一概念得以发展，风景的再现、它的政治和现实意涵成了人文风景研究最为普遍的主题之一。对再现方法的批评反对认为再现可以是完全模仿性的天真想法，尤其是风景画，它成了论证符号现实与物理现实之间一再使用的不同的例子。照片、文学文本、地图和其他地理学方法论的符号建构性也引起了注意。这一趋势无疑是 20 世纪晚期的风景研究中最具有影响力的，它获得了持续的流行；所以，无怪乎科斯格罗夫对"符号学话语"的理解事实上大致和再现研究及其后来的发展相同。

（二）其他的索绪尔符号学方法

在以语言学为导向的地理符号学（geosemiotics）和语景（linguascape）中，将符号学视为最窄义的、对书面语言系统的解码的看法非常盛行。斯科隆（Ron Scollon）和王·斯科隆（Wong Scollon）用"地理符号学"一词来形容"对物质世界中的符号、话语和我们的行为的物质安置之社会意义的研究"②，并且论证说，在地理符号学中有三个主要的系统：互动秩序、视觉符号学、"地方"符号学。从他们的方法出发，地理符号学在很大程度上致力于对公路符号、产品商标及其与空间之间的关系研究。贝克（Victor Baker）在题名为《地理符号学》的论文中，呼吁地理学家从"名为符号学的哲学分支"中受益。

---

① Stephen Daniels, Denis Cosgrove. "Introduction: Iconography and landscape." In: *The Iconography of Landscape: Essays on the Symbolic Representation, Design and Use of Past Environments* 2007 [1988]. Cambridge: Cambridge University Press, pp. 1-10.

② Ron Scollon, Suzie Wong Scollon. . *Discourses in Place: Language in the Material World.* 2003, London: Routledge, p. 2.

他认为，"符号不仅仅是思维或语言的对象，还是构成表意网络的重要实体，这个表意网络从一处露出地表的岩层推理到另一处岩层，连绵不绝"①。在他看来，地理符号学是将符号作为思维系统的一部分来研究，这个系统是和地球所谓的"物质世界"方面一样连绵不断的。这和社会语言学家的"语景"或"语言风景"（linguistic landscape）的概念（尤其是亚当·加沃尔斯基的著作）是类似的，经典的马克思主义经济学将风景作为权力斗争和消费场所的框架，该系统则在此框架内采用了"符号"一词的最窄意义、物质意义。比如，最近由社会语言学家加沃尔斯基（Adam Jaworski）和瑟洛（Crispin Thurlow）主编的《符号学风景》（*Semiotic Landscape*）一书，对艺术和地理学中的风景研究相当博闻广见，但这里的"符号学风景"指的仅仅是语言学风景和文本（最窄义的书面语言再现）在风景及其创造中的作用。

在符号学方面，从塔拉斯蒂的《存在符号学》（*Existential Semiotics*）一书中可以看到对发展风景符号学（landscape semiotics）领域的呼吁。作者想象了将风景符号学作为"将风景视为一种符号语言的研究"②。塔拉斯蒂的出发点是风景美学，在此基础上，他努力发展出了格雷马斯式的风景符号学。这一章无论如何也不是对风景符号学的系统发展，而是一篇概念性的论文，对可能的方法进行了展望，而且他对风景的定义仍然是人类中心和文化中心的，在很大程度上导向的是再现研究。

马西莫·莱昂（Massimo Leone）是另一位明确提到符号学风景的符号学家，他提出了"符号地理学"（semio-georgraphy）的概念，这个新词是指"在符号学的理论框架内，对塑造人类与各种环境之间的互动的模式和过程进行研究的子学科"③。在他的分析中，他用"符号学风景"一词来表示"个体在公共场所所遇到的可感知因素的模式"④，非常清楚地站在了索绪尔符号学传统那边，致力于在风景中辨认出个别的意义单位。

门内辉行（Monnai Teruyuki）和他的同事们发展出了一种用于对建筑进行实际分析和规划的复杂的风景符号学。和那些或明或暗地属于索绪尔符号学

① Victor R. Baker, "Geosemiosis", *Geological Society of America Bulletin*, 2003, 111, P. 633.
② Eero Tarasti. "Semiotics of landscapes". *Existential Semiotics*. 2000, Bloomington, Indianapolis: Indiana University Press, p. 154.
③ Massimo Leone. "Legal controversies about the establishment of new places of worship in multicultural cities: A semiogeographic analysis", In: Anne Wagner, Ian Broekman (eds.), *Prospects in Legal Semiotics*. 2009, Berlin and New York: Springe, p. 217.
④ Ibid.

的文本研究范式不同，门内辉行的方法是皮尔斯式的。他运用了各种皮尔斯的概念，尤其是符号过程和符号三分法，但将其和其他几个框架式的两分概念相结合，对建筑和环境进行了形式化的分析，很可能是因为建筑结构作为主体物质和分析软件的本质，这种分析更容易使人联想到结构符号学和生成语法（generative grammar）。例如，在书中第一部分关于日本的传统小镇风景的系列文章中，他区别了符号过程的符形、符义和符用维度，但接下来只在类似于索绪尔的方法讨论部分对前两种进行了分析。这一讨论也广泛地使用了索绪尔将符号之间的相似和差异作为它们意义线索的看法。尽管在方法论上有所混杂，门内辉行和他的同事们无疑是成功地创造出了对建筑环境进行符号学分析的功能框架，这不仅可以用于学术研究，也可以用于真实生活中的设计。但是，这一风景符号学只包含了最窄义的风景，即将风景视为建筑环境。在日本，还有其他对建筑的经典结构主义的符号学运用，根据两分性对风景结构进行分析，这主要是因为这种运用是将分析量化的最简单的方法。

三、符号学方法：物质化和加工化

（一）现象学风景

风景的现象学研究方法处理的是符号学的一个非常基础的方面，即在现象世界中，对于栖身在风景之中的人的肉身性（corporeality），意义是如何产生的。这和索绪尔符号学所理解的"任意武断符号"形成了鲜明的对比，索绪尔符号学的解释认为风景的意义一定是从外在嵌入到它们之中的，除了外部的社会符码（尤其是权力结构）之外没有经验动机来导入意义。英戈尔德（Tim Ingold）指出："世界是围绕着居住者而持续形成的，它的多样化成分是通过将自己纳入生命活动的日常模式中而获得意义的。"①

在诸如雷尔夫、段义孚、蒂利（Christopher Tilley）、英戈尔德和埃布拉姆（David Abram）等最为杰出的现象学作者的著作中，这种立场都得以表达。在梅洛-庞蒂、海德格尔和胡塞尔的思想启发之下，风景更多地被视为一种整体性的现象，是由所有的感觉和整个身体（听觉、味觉等）所感知的。感知过程和智力机制（即大脑和身体）不是分开的，我们就是居住在风景中、领会它的暗示并参与它所有的符号过程互动的身体。风景中的意义单元是通过和风景中其他（有生命的和无生命的）实体的互动，通过人们每天的身体行为，

---

① Tim Ingold. *The Perception of the Environment*: *Essays on Livelihood*, *Dwelling and Skill*. 2000, London: Routledge, p. 153.

通过惯例和时间而被创造出来的，如劳作景观（taskscape）①。

巴克豪斯（Gary Backhaus）和穆伦吉（John Murungi）主编的文集《符号化的风景》（*Symbolic Landscape*）致力于突破索绪尔式的（结构主义的）、将符号理解为纯然的观念的做法，并用梅洛－庞蒂的哲学对符号化风景理论进行了补充，将符号视为"在活生生的身体（lived－body）与其环境（milieu）之间，以自由进入虚像空间的姿势出现的"② 某物，拒绝接受感知和概念之间的分割线。

另一方面，关于风景的意义生产和设计中的肉身性参与的理解迈出了重要的一步，这以英国的非再现性和流动性研究为代表。动物地理学强调其他生物和它们的意义风景，是从经典的风景研究、现象学方法到由法里纳和他的同事们发展出的对风景的生态符号学理解之间的过渡区。

（二）皮尔斯式的方法

近年来，皮尔斯符号学的影响在国际上有所上升，可以预见的是，这一符号学范式也开始出现在风景符号学中。梅特罗－罗兰德（Michelle Metro－Roland）认为，皮尔斯对将符号过程理解为思维和世界，或者说思想和对象如何相互联系提供了一个很好的理论模式，因为皮尔斯式的符号关系不是仅仅由任意武断的能指和所指结合而成的，而是包含了和非符号的（以及符号的）现实之间的关系。

对皮尔斯式的风景符号学的另一个尝试是阿内森（Tor Arnensen）出版的著作。他的结论是，作为整体的风景是一个符号，它处于和对象（物理的土地）、解释项（群体）的三分关系中。阿内森试图运用皮尔斯的符号概念，该概念是一个三分关系，其关系在于再现体或者符号载体（即"再现的具体主体"③）、对象或"它代表的物"④、解释项或"（符号载体）引发的想法"⑤ 这三者之间。但是，阿内森的运用是建立在对皮尔斯或者说后皮尔斯式的、对这些术语的定义的很大偏离之上的。首先，皮尔斯指出，"解释项不能够是一个明

① Tim Ingold. *The Perception of the Environment：Essays on Livelihood，Dwelling and Skill.* 2000，London：Routledge；pp. 189－208.

② Gary Backhaus，John Murungi，（eds.）. *Symbolic Landscape.* 2009，Springer，p. 26.

③ Charles S. Peirce. *Collected Papers of Charles Sanders Peirce.* Cambridge：Harvard University Press，Vol. 1. p. 546.

④ Charles S. Peirce. *Collected Papers of Charles Sanders Peirce.* Cambridge：Harvard University Press，Vol. 1.，p. 564.

⑤ Charles S. Peirce. *Collected Papers of Charles Sanders Peirce.* Cambridge：Harvard University Press，Vol. 1. p. 339.

确的个体对象"①（着重号为原文所加），将其视为"心理效果或想法"②。而阿
内森将解释项定义为：作出解释的人。其次，尽管阿内森强调了符号关系不能
被降低为三个要素中的任何一项，他还是对作为符号关系的符号和再现体、或
者说符号载体进行了区分。而且，他的"对象"一定是物理的地形，而皮尔斯
自己对对象的理解要宽泛得多，还包括了非物理的现象和事实。事实上，阿内
森没有使用皮尔斯的符号关系，即将符号等同于符号载体、对象和符号生产的
想法之间的相互关系，而是使用了一个非常不同的三分式来进行描述，这个三
分式包括作为指称对象的物理地形、作为解释者的人、符号或者"符号使用者
对一个地区的解释"③。而在经典的皮尔斯术语中，阿内森所说的风景成了一
个解释项，这和皮尔斯认为的，解释项也可以是前意识的、由某种质构成的想
法有很大的不同，阿内森将解释项看作是由语言的使用来调节的。④ 由此，他
的概念仍然停留在皮尔斯和索绪尔的范式之内。

　　但是，阿内森对皮尔斯的主要概念的独特解释没有妨碍到他的主要论述的
有效性，这种有效性是在皮尔斯对符号的定义中涌现而出的："符号是某物 A，
它将某种事实或对象 B 指代为某一解释项的想法 C。"⑤ 对于风景，这就意味
着作为整体的风景是对于某人有着某种具体意义的风景，其明显而重要的后
果，是同一个物理地区，可以产生任何与之有关的解释群体，以及由此而来的
风景。但是，和文本——或者说将风景作为符号学现实的、以话语为基础的方
法不同，阿内森总是将物理地区作为风景所包括的一个组成因素。总之，对于
符号使用者和语境信息而言，阿内森的方法使得对于构成性的物理和心理因素
之间的相互关系的分析成为可能。

　　皮尔斯的符号模式使得心理（或符号化的）风景和物质性的风景得以区
分，让人可以分别追寻作为符号化的资源和物质资源的风景中的变化。这两个

---

①　Charles S. Peirce. *Collected Papers of Charles Sanders Peirce*. Cambridge：Harvard University Press，Vol. 1，p. 542.

②　Charles S. Peirce. *Collected Papers of Charles Sanders Peirce*. Cambridge：Harvard University Press，Vol. 1，p. 564.

③　Tor Arnesen. "Landscape as a sign. Semiotics and methodological issues in landscape studies". In：Z Roca，P. Claval，J. Agnew，（eds.），*Landscapes，Identities and Development*. 2011，Farnham：Ashgate，p. 365.

④　Tor Arnesen. "Landscape as a sign. Semiotics and methodological issues in landscape studies". In：Z Roca，P. Claval，J. Agnew，（eds.），*Landscapes，Identities and Development*. 2011，Farnham：Ashgate，p. 366.

⑤　Charles S. Peirce. *Collected Papers of Charles Sanders Peirce*. Cambridge：Harvard University Press，Vol. 1，p. 346.

维度可以一起变化，但它们也能单独发生变化，而且，物质性的风景中的变化不一定就意味着被符号思维"加工"过的、被感知的风景会发生变化。我们可以谈到在战争中失去的风景（物质性的变化是冲突的结果）、消逝的风景（在主要的符号化话语中，物质性的变化不为人所注意），但我们也可以谈到获得的风景，因为新的物质性的风景开启了新的符号化可能，迟早会被"挪用"，而这些都取决于群体对这些变化的感知（可感知的实际效果①）。

在被称为"物质符号学"的著作中，也可以看到这种思考，它致力于恢复意义的物质性，强调"风景是社会物质过程，由于人与自然两者的行为不断地经历着形态上的变化（在最为物质性的意义上）和修正（在风景是由人所观赏的意义上）。风景是物质符号关系的竞争网络，是人与物的暂时同盟，从人们必然所处的视角而言，是竞争性的再现"②。

这一传统中的几个作者使用的是格雷马斯的而不是皮尔斯式的模式，对符号学风景的再度物质化的这一重要理论意涵产生这样的理解：对于一个物理性的地区，总是有几个竞争性的符号实体，对此地区的计划和管理都必然会容纳几个不同的、时常冲突的符号现实，和关于未来与过去的想象。

（三）塔尔图－莫斯科的文化符号学

塔尔图－莫斯科符号学派，尤其是尤里·洛特曼的著作提出了一整套概念，为综合性的风景研究提供了高度的可能，它包括对再现的分析，对传播（尤其是自我传播）、文本、符号空间和变化模式的新的理解。在风景研究中，这些影响深远的概念只有一部分在它们原有的语境中得到了充分的发展（比如彼得伯格的"文本"概念和洛特曼的自我传播概念），一些发展是由塔尔图的更为年轻的学者们做出的，还有一些概念的潜力仍然有待充分实现。

洛特曼在《文化与爆炸》（*Culture and Explosion*）一书中提出了一个或许有助于研究风景变化的模式。大部分其他的符号学家都致力于研究（通常是两个）单独的符号系统之间的翻译，而洛特曼关注的是一个系统内部的边界，和这一边界创造的翻译可能性，即系统的延续性或持续性和变化。从符号学的视角而言，风景的重要方面之一，就是边界的存在，风景中的传播边界，可以被视为风景中的内部活力的主要元素和机制，以及生产新风景的主要机制。任

---

① Tor Arnesen. "Landscape as a sign. Semiotics and methodological issues in landscape studies". In: Z Roca, P. Claval, J. Agnew, (eds.), *Landscapes, Identities and Development*. 2011, Farnham: Ashgate, p. 42.

② Doug Mercer. "Future－histories of Hanford: The material and semiotic production of a landscape". *Cultural Geographies*, 2002, 9, p. 42.

何系统中的变化都不总是渐进的、一成不变的：洛特曼区分了渐进性变化和爆炸性变化。在前者中，从边缘到中心的过渡以及从中心到边缘的过渡是以渐进的方式进行的，已有的支配性结构在缓慢的过渡中被取代。在爆炸性变化的时代，所有已有的符号结构都被打碎，符号过程的爆炸性增长随之发生。许多竞争性的新场景的发展都是在这个断裂点上出现的，只有一个最终会巩固下来，占据中心的位置。同样的，我们可以在风景中区分出渐进性变化和爆炸性变化的时期。在爆炸性变化的时期，会产生和先前的风景的断裂。这样，变化的符号学模式就使得我们可以对动态的非平衡变化过程进行描述，其结果不总是取决于生态的必然性和实际需求，它可以是硬科学通常不会考虑到的宗教的、非理性的或美学的符号价值的结果。在对文化记忆和身份进行描述时，渐进性变化和爆炸性变化之间的区别也是非常有用的。

四、生态符号学的方法

生态符号学的方法是对符号过程在环境的变化和有机体的环境设计中的作用进行明确的描述和分析的学术方法。它关注的是生态系统中的符号关系机制，因为大部分由生命所建立和维系的关系都是本身就有符号性的，或者是符号过程的产物，对它们的研究是和符号学的方法相关的。

生态学中的符号学方法意味着，描述和研究关注的是：

1. 有机体作出的区分，它们自身看待世界的方式，即对环境界或有机体范畴化（organic categorization）的研究；

2. 有机体行为的意向性，有机体需求的作用和类型，以及有机体的寻找、个体学习、适应和习惯性（habituation）导致的变化；

3. 生命系统所有层面上的交流及其作用，生命形式作为交流结构的形成；

4. 作为生态系统中有机体的多种有机体设计（organic design）之结果的生态系统的生产；

5. 符号过程的类型，它们在多样性的生产和再生产过程中是不同的、变化的。

从生态符号学视角对风景过程进行系统研究，在这方面贡献最为卓越的是法里纳。他采用了对生态符号学更宽泛的定义，以及超越了人文地理学的人类中心方法的、对风景的更宽泛的定义，希望能创造一个新的框架，将生命环境中的主体的多样性涵盖其中，并且能缩短人类价值和生态过程之间的鸿沟。他将风景和乌克斯库尔的环境界概念相联系，强调了风景是由个体所感知的事实，并在后来提出了"内心风景"（private landscape）的概念："有机体周围的对象组合是在空间、时间和历史（包括记忆、经验和文化等）的语境中被感知的。"① 由此，他的风景符号学是以主体为中心的，考虑到了物种特有的生命世界和物种的认知能力，以及经验语境（记忆，以及历史——如果物种具有长期记忆的话），甚至美学。这也使得我们可以将非物质的资源包含进来，不仅是在它们被某种物质性的人工品再现的情况下可以如此。尽管法里纳的理论框架在假设上也可以适用于对人类的分析，但他自己的运用主要是关于风景生态学和生物符号学领域的，而在生态领域理论中将人类文化系统包含进去的具体做法未能像对其他物种的风景分析之方法论那样得到完全的发展。

法里纳的"内心风景"基本上是属于生态符号学领域的一个概念，如诺特所定义的："……生态符号学是研究生命体及其环境之间的关系之符号学方面的科学。"② 根据这一定义，任何生命体（人类、动物还有植物等）都是一片风景的中心，并在这篇风景中展开着符号过程。由此可以推断，风景应当是生态符号学的中心主题之一，这和我们是采取生物的生态符号学定义还是文化的生态符号学定义，以及采取以人类为中心的风景定义还是以有机体为中心的风景定义无关。法里纳的风景符号学和诺特对生态符号学的"生物学"定义，无疑是对风景的符号学研究中过分的人类中心主义的一种补偿，但它仍然是落在科斯格罗夫所称之为的、风景研究中的"生态学话语"之上的。综合性的风景符号学应当是由"生物学的"生态符号学和"文化生态符号学"的结合而产生的，后者将自己定义为"自然与文化之间关系的符号学。它包括了对自然之于人类的位置和作用的符号学方面的研究，即对我们人类而言自然的意义在现在和曾经是什么，我们如何、在何种程度上和自然进行交流"③。

五、未来的视角

毫无疑问，对风景的再现以及与再现相关的话语和权力的研究将会持续成为风景学者的灵感来源，在未来的多年都将如此。尽管如此，由于人文地理学和符号学"再物质化"（re-materializaiton）和"肉身化"（corporealization）的普遍趋势，它和那些囿于索绪尔的任意武断符号关系模式以及话语的概念世

---

① Almo Farina, Brian Napoletano. "Rethinking the landscape: New theoretical perspectives for a powerful agency.", *Biosemiotics*, 2010, 3 (2), p. 181.

② Winfried Noth. "Ecosemiotics", *Sign Systems Studies*, 1998, 26, p. 333.

③ Kalevi Kull. "Semiotic ecology: Different natures in the semiosphere". *Sign Systems Studies*, 1998, 26: p. 350.

界有所不同。相反，我们很可能会看到处理表意、交流和解释性的身体行为中的物质和心理过程之间的复杂的相互性，以及处理它们对其他生命体的物质和生命过程的后果的或多或少的尝试。如梅特罗－罗兰德指出的，皮尔斯的模式"对外在于文本和语言的符号进行解释更有成效"，因为他的符号学通过将对象、我们对它的理解和物理的符号载体包括到符号关系中的方式，"明确地处理了世界和我们对世界的理解之间的关系问题"①，提供了它们之间相互关系的整套类型学，而索绪尔的模式只包括了其中一种，即象征符号的使用。

对风景的符号学研究而言，"风景"一词的主要益处如下：

1. 风景是一个整体现象，它不必事先在文化/自然、人类/非人类、个人/集体、感知的/物理的等概念间作出分割。这种分割在不同情况下可以用作分析工具，但它并不是通过术语的先入之见而对物质的本体状态的投射。因此，"风景"是克服现代学术话语中占主导地位的、严格的二元性的合适术语。

2. 风景在本质上是一种对话现象，交流存在于风景中的符号过程的核心。由此，符号学可以为分析风景形成的过程提供足够的工具，因为它们总是多方交流的结果，并且取决于参与方的符号范畴化。在这方面，巴赫金（如对话性和杂语）和洛特曼（文化翻译，传播和自我传播，由几个符号主体构成的符号域中的变化模式，以及其他影响深远的概念）的符号学概念的潜力不可低估。

3. 风景的符号学研究有助于理解日常风景中的对话性和意义生产，以及在非物质的条件下价值是如何被创造出来的，因此可以对实际的计划和管理政策派上很大的用场。对于讨论风景的符号和物质方面之于不同的群体的不同关系，皮尔斯的符号模式也提供了很好的方法论基础。它还为理解不同的群体以及不同环境界的有机体在同一片物理土地上生活在不同的风景中的可能性，提供了一个可靠的描述框架。文化符号学，尤其是"爆破"和"未来历史"的概念，对于映现风景变化的动力，对于将过去的风景的形成作为许多的可能未来中的一种实现，以及由此带来的计划和管理能力的改善，都可能会被证实是非常有用的。

[Lindström, Kati; Kull, Kalevi; Palang, Hannes 2011. Semiotic study of landscapes: An overview from semiology to ecosemiotics. *Sign Systems Studies* 39 (2/4): 12—36.]

---

① Michelle Metro－Roland. "Interpreting meaning: An application of Peircean semiotics to tourism". *Tourism Geographies*, 2009, 1 (2), p. 271.

新塔尔图研究：继承、融合与推进

——卡莱维·库尔教授访谈

卡莱维·库尔　彭佳

一、"符号域"与"环境界"：对两大符号学传统的继承和发展

彭佳（以下简称彭）：库尔教授，您好！非常感谢您能接受这次访谈。"塔尔图－莫斯科学派"一直是中国符号学界关注的热点所在。许多塔尔图的符号学家，如尤里·洛特曼、乌斯宾斯基等人，他们的文艺符号学理论和文化符号学研究都有专门的中国学者进行研究，也在中国学界产生了深远的影响。对塔尔图的新一代学者来说，他们可以继承符号学的两大重要传统，也就是洛特曼和乌克斯库尔（Jacob Von Uexkull）的理论，真是太幸运了。在您看来，这两大理论，也就是"符号域"（semiosphere）和"环境界"（umwelt）的理论，主要是在哪些方面对新一代的塔尔图学者产生了影响？他们的研究又是如何推进这两个重要的概念的呢？

卡莱维·库尔（以下简称库）：彭佳你好，很高兴我能代表新塔尔图学派接受贵刊的访问。符号域和环境界这两大概念在符号学研究上是至关重要的。洛特曼于 1982 年形成了"符号域"的概念，这意味着他对符号过程的理解转向了一个动态的进路；艾米·曼德克尔（Amy Mandelker）把他的这一转变在符号学上的意义比喻为物理学上的爱因斯坦转向。较之于他早期的、更倾向于结构主义的研究方法，这一符号学的进路更为开阔和深入。这在洛特曼晚期的著作，如 1990 年出版的《心灵宇宙》（*Universe of the Mind*）以及 1992 年出版的《文化与爆炸》（*Culture and Explosion*）中得到了体现。用这一方法进行的文化分析获得了时间维度上的纵深，而且为符号系统中的时间的普遍特点提供了描述。一方面是不可预测性（Unpredictability），或者说符号的自由（Semiotic freedom），另一方面是符号的延续（Semiotic inheritance），两者共同产生了媒介和异质同一性，从而形成了符号域；而洛特曼在《文化与爆炸》一书中提出的传播模式是其核心所在，洛特曼用这一方法将文化研究和对基础

的认知过程，比如对记忆、知觉、不可译性、翻译和自我传播（autocommunication）的研究联系到了一起。

"符号域"这个概念使得洛特曼的思想结晶和乌克斯库尔的学术遗产得以相互联结。事实上，"符号域"与"环境界"的概念有着诸多深刻的相同之处。"环境界"理论为我们如何看待有机体提供了一个内在视角，在对生命系统的研究方面，这一观点是革命性的创新；它也由此成为生物符号学甚至是广义符号学的中心概念。此外，它和洛特曼提出的"模拟"和"模塑系统"这两个概念也是相通的。

在当今塔尔图新一代学者的研究中，对这两个基本概念的推进主要体现在两个重要的进路之上：第一，我们在理论研究中试图发展广义符号学的概念设施，由此来描述来源和历史各不相同的概念之间的逻辑关系；就目前而言，我们特别关注的是不同层面上的自我传播过程。第二，在实例研究中，我们通过对某个特别的符号系统的特点进行分析，以此丰富这些观念的内部类型学，这包括对简单的和复杂的符号系统所包含的符号类型的分析。此外，我们也有一些论文讨论到了"符号域"和"环境界"这两个概念的不同方面。

彭：是的，在您的文章《塔尔图的符号学研究：乌克斯库尔和洛特曼》（"Semiotica Tartuensis：Jakob von Uexküll and Juri Lotman"）中，您就指出，两位学者的研究都具有以下特点：自相矛盾的分析和对准确性的追求。确实如此，"符号域"这个概念本身似乎就是一个悖论：它既是符号存在的前提，又是符号活动的结果。在洛特曼看来，不同的模塑系统之间存在着不一致性。这都体现了您所说的两个特点。然而，对中国的读者而言，"环境界"可谓一个全新的概念。您是否能对这个概念和它的特点作出进一步的说明？

库：环境界是有机体的符号世界。换言之，它是一个有机体区别于另一个有机体的所在，或者说是有机体的所有符号关系网络的整体。

各种有机体的环境界是不同的，它取决于有机体的区分能力。从普遍规律上来说，简单的有机体的环境界相对简单，而复杂的有机体则拥有更复杂的环境界。在有机体的个体发生中，环境界是多样化的。动物的环境界是它的空间定位的基础，也是它在功能上适当地对环境中的资源进行利用的基础。人类的环境界和其他所有物种的环境界都不同，它通过对时间和不同叙述的排列获得了多重的可想象的空间，以及过去和未来的空间。这种人类的环境界所拥有的与其他任何物种都不同的特点，可以被视为人类所独有的语言能力的结果。

我曾经对"环境界"这个概念给出过一个简短的定义："环境界是有机体

以自我为中心、对周围世界进行感知和模拟的世界。"① 这一定义可以在由保尔·科布利（Paul Cobley）主编的《劳特里奇符号学指南》（*The Routledge Companion to Semiotics*）中找到。在该书的评论文章中，还可以看到我对"环境界"一词的详尽描述，以及对不同的环境界（包括它和模塑系统的关系）的大致分类。"环境界"的方法为研究生物进化提供了新的视角，将其视为有机体对世界的模拟的进化。

二、尤里·洛特曼对个人研究的影响

彭：看来您对"环境界"这个概念进行了非常细致和深入的研究。另一方面，我在阅读您的著作的过程中，发现洛特曼的"符号域"概念也对您的研究产生了相当大的影响。在您即将发表在我刊的《符号域与双重生态学：交流的悖论》一文中，您就列出了由十七位学者给出的对"符号域"的不同定义。定义的第一条到第五条都强调了符号域的整体性，也就是将其视为一个"文本的总体"，或者说"网络"；而第六、七、八条定义是从符号域的空间性角度出发对它进行描述的。从第九条定义开始，一直都到第十七条定义为止，学者们似乎都在讨论符号域的"多样性"（diversity）。这是否意味着"多样性"是符号域的基本特点，也是符号学和生态学主要的关注点所在？

库：符号域是生产意义的世界；而意义要得以产生，就需要同时具有两种或两种以上的符号。我现在要说的是，符号域的基本特征是它的复数性（plurality）：它其中所有的一切都是复数。我们可以由此把符号学定义为一个关系的系统，其中的一切都是复数。

从这个意义上而言，复数性并不是一个无关紧要的概念，在这里它可以被理解为多义性（甚至可以是无尽的意义）。任何有意义之物都会有多重意义（这正是洛特曼所说的）。既然符号域不是别的，而是意义的世界，那它当然是复数的。任何单一意义的物都不是符号域范围内的，而是在物理世界的范畴之内，因为它不是从关系上来进行描述的。

符号世界是一个质性的世界，我们可以将它描述为辨别能力（这意味着交流的多样性和分类）的产物。然而，从复数性这一点看来，我们可以提供一个补充性的定义：符号域是质性上的多样性的所在。当然，如洛特曼所说，这种多样性是由传播所调节的。

---

① Kalevi Kull. "Umwelt". In: Cobley, Paul (ed.), *The Routledge Companion to Semiotics*. 2001, London: Routledge, p. 348—349. The quotation is from p. 348.

我所列出的这十七种定义都可以说是正确的，它们只是从不同的角度来对符号域的特点进行描述。因此，我们很难说哪一个特点是最重要的：它们是互为补充的。在这些定义之外我们还可以加上其他的定义，符号域的定义仍然是开放性的。

彭："符号域"这个观点确实影响深远，在中国学界也很受重视。不少中国学者都把尤里·洛特曼视为符号学的两大奠基人、也就是索绪尔和皮尔斯之外的最重要的符号学家。能否请您谈谈他的理论对您的个人研究有些什么启发呢？

库：我个人的看法是，洛特曼对符号过程的理解是当代符号学研究中的基础性观点。它是如此具有生产力，以至于我们的研究都是建立在其基础上的。

我之所以说洛特曼的观点对当今符号学产生了最深远的影响，是因为他指出了符码的不相容性（incompatibility）在意义产生的过程中是必不可少的，或者说，他假设了不可译性（non-transtibility）是符号过程的来源和前提。在这一点上，他的看法比索绪尔、甚至皮尔斯都要深刻得多。当然，不可译性的概念和皮尔斯的"试推法"（abduction）是不无关联的，但皮尔斯并没有把试推当作符号过程的一个普遍前提。洛特曼的观点和普利高津更为接近，后者同样试图从一个类似于有机系统的、拥有特殊形态的耗散系统（dissipative system）过程中特殊的非线性构成物中（包括自我催化的构成）找到心灵自由的前提条件。

最近，我们把洛特曼对符号过程的看法用七条原则进行了总结，该文已经译成中文，并且得以发表。

在当今的符号学研究中，如果一个理论没有考虑到前语言的（生物符号学）的符号过程，就不具有普遍性。在我的文章中可以看到，我们可能已经证明了洛特曼的符号学理论达到了这一普遍性的标准。

当然，能让更多人学习和研究洛特曼的理论，也是非常重要的。因此，我也对洛特曼的英文著作和文章的书目进行了最新的汇编。

三、符号学与生命科学的结合：一个新的方向

彭：除了乌克斯库尔和洛特曼之外，有一位学者对新塔尔图的研究也是产生了很大影响的，他就是西比奥克（Thomas Sebeok）。我注意到，爱沙尼亚大学的符号学系建立了专门的西比奥克图书馆。西比奥克对生物符号学和全球符号学的贡献是功不可没的，但是中国学界对他了解不多。您可以称得上是研究西比奥克的专家，可否向中国的读者们简单地介绍一下这位符号学家呢？

库：在 20 世纪 60 年代，美国的西比奥克和塔尔图的洛特曼、意大利的艾柯几乎是同时对符号学产生了兴趣，并且展开了对这一领域的研究。这三位学者都深受雅柯布森（Roman Jakobson）的影响，并且成为接下来的几十年里对符号学进行全新研究的世界级领军人物。

最近我参与了一部书的撰写，该书有一卷是专论西比奥克的，它相当全面地概括了西比奥克的作用和影响。如果要简要地说明西比奥克的贡献，那我们可以这么说：他致力于寻找符号学的边界所在，并且已经找到。在此基础之上，他看到了之前的符号学研究没有从整体上覆盖符号学的各个方面和领域，因此他为符号学的重整和融合，也就是将它整合为一个整体付出了极大的努力。正是西比奥克而不是其他任何人，为符号学织就了一个网络，并且使它融合成为了一门整体的学科。他撰写了相当多的文章和专著（其中包括他关于动物符号学和全球符号学的专著），并且进行了大量的编辑工作（西比奥克从 1969 年到 2001 年一直担任期刊《符号学研究》的编辑，主编了好几个系列的丛书，其中包括 1969 年到 1997 年间出版的一百二十七卷本的《符号学方法》），为无数学者建立了联系。通过这些努力，西比奥克成就了符号学的整体性。

彭：以西比奥克为首的"全球符号学派"为符号学作出的贡献是有目共睹的。我们可以这样说，今天的西方符号学界几乎都受到了这种广义符号学的影响。在这个潮流中，符号学与生命科学相互融合的趋向是非常明显的。在新塔尔图的研究中也可以看到这种趋势。但是，对以下的几个概念：全球符号学（global semiotics）、生命符号学（semiotics of life）、生物符号学（biosemiotics）和生态符号学（ecosemiotics），很多读者还是初次接触，对此并没有清楚地区分。您能谈谈它们之间的主要区别在哪里吗？

库：全球符号学，用西比奥克自己的话来说就是："'全球符号学'首先意味着一个网状体系，或者说一个网络。"[①] 这就是说，全球符号学是指覆盖了包括所有层面的传播的符号关系的全球传播网（将这个传播网作为研究对象）的符号研究的全球网络体系，就好像是进行自我研究的符号域。

"生命符号学"一词有时被用来表示对所有形式的符号过程的研究。西比奥克在一篇论文中提出，符号过程和生命是一致的、共存的，这个词就是这篇文章中提出的一个假定。它既包括了生物符号学，也包括了人类符号学。

生物符号学的研究对象是前语言的符号过程，包括所有形式的符号过

---

① Thomas A. Sebeok. *Global Semiotics*. 2001，Bloomington：Indiana University Press，p. 1.

程——人类的和非人类的——它并不以语言能力为前提假设。法夫罗等人（Donald Favareau）主编的论文集和霍夫梅耶（Jesper Hoffmeyer）的专著为该领域提供了清楚的描述。

生态符号学首先探讨的是人类和其所在的生态系统之间的符号关系，主要关注的是人类对世界的分类是如何对人类生存的环境产生影响的。在这方面也有一系列的重要论文可供参考。

彭：看来符号学与生命科学的结合确实是一个宽广的领域，也是一个全新的、值得拓展和探索的方向。谢谢您接受我刊的访问！也希望新塔尔图学者的研究可以为中国、为全世界的符号学研究都起到更加有力的推动作用。

库：也非常感谢贵刊为新塔尔图和中国的符号学交流打开了一扇新的窗口。希望这是我们的符号学界之间相互学习和交流的一个良好的开始！